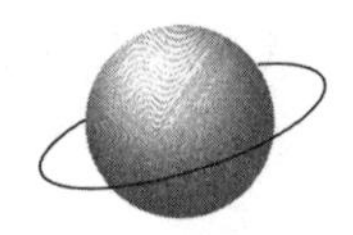

宇宙生命起源

[以] 马里奥 · 利维奥　[美] 杰克 · 绍斯塔克 著　王文浩 译
（Mario Livio）　（Jack Szostak）

IS EARTH EXCEPTIONAL?

The Quest for Cosmic Life

中信出版集团 | 北京

图书在版编目（CIP）数据

宇宙生命起源 /（以）马里奥·利维奥，（美）杰克·绍斯塔克著；王文浩译. --北京：中信出版社，2025.2. --ISBN 978-7-5217-7256-2

Ⅰ. Q10-49

中国国家版本馆 CIP 数据核字第 2024GE7841 号

宇宙生命起源

著者：［以］马里奥·利维奥 ［美］杰克·绍斯塔克

译者：王文浩

出版发行：中信出版集团股份有限公司
（北京市朝阳区东三环北路 27 号嘉铭中心　邮编　100020）

承印者：北京通州皇家印刷厂

开本：787mm×1092mm 1/16　　印张：19.25　　字数：238 千字

版次：2025 年 2 月第 1 版　　印次：2025 年 2 月第 1 次印刷

京权图字：01–2024–5586　　书号：ISBN 978–7–5217–7256–2

定价：79.00 元

专家推荐

吴家睿，上海交通大学主动健康与战略发展研究院

《宇宙生命起源》如同一枚精美的硬币，把“地球上生命如何起源”以及“外星球上是否存在生命”两个相对独立的问题巧妙地“铸造”在一起，描写了研究者从微观的分子层面和宏观的天体层面这样两个维度对宇宙中生命起源所做的思考与探索。两位作者基于各自深厚的专业素养和相应的前沿知识，在书中展示了近年来在生命起源问题研究以及探寻外太空生命过程中取得的进展和面临的挑战，从而有助于广大读者更好地认识和思考生命的本质以及人类在宇宙中的位置。

苟利军，中国科学院国家天文台研究员，中国科学院大学教授

《宇宙生命起源》是一部充满好奇心与探索精神的科学作品。由天体物理学家马里奥·利维奥和诺贝尔奖得主杰克·绍斯塔克联袂打造，他们以深厚的专业背景和朴实易懂的语言，为我们揭开了一个关于生命起源与地外生命的宏大故事。从地球上生命的化学诞生，到浩瀚宇宙中寻找地外生命的可能性。本书融合了前沿的实验研究与宏观的天文观测，试图回答“我们是谁”“我们从哪里来”“我们是否孤独”这些具有深远哲学意义的核心问题。无论是对生命起源和宇宙探索感兴趣的普通读者，还是在相关领域深耕的研究者，都能从中找到灵感和共鸣，很值得一读。

李淼，物理学家，科普作家，中山大学教授

生命是如何产生的？我们在宇宙中是否唯一？这是很多人都会发出的疑问。本书的两位作者从生物学和天文学两个角度回答了这两个问题。科学家一方面试图在实验室里合成可能的生命，一方面不断探索太空，希望在宇宙的其他地方找到答案。生物学与天文学在这里交汇，我们从中也可以思考人类在整个宇宙中扮演的角色。

邱涛涛，华中科技大学物理学院副教授

相信很多人（比如我）小时候都问过家长这样一个问题：“妈妈，我是怎么来的？”上学后便知道，每个生命都是由母体孕育而来的。但如此追溯下去，第一代生命又是怎么孕育出来的呢？多年来，我一直对这个问题的答案充满好奇，直到我遇到了这本书。感谢两位作者以其渊博的学识、广阔的视角、清晰的讲述，以及译者以其贴切的翻译，为我们展开了一幅宇宙生命之初的神奇画卷。相信和我一样对生命的起源有着好奇心的你，在读罢此书后，定会收获良多。

高爽，科普作家，天文学博士

《宇宙生命起源》是一本深入探讨生命起源奥秘的科普佳作。作者以追溯地球生命的起源为线索，通俗地介绍了宇宙与生命起源的关系，并依据最新的科学研究结论，详细介绍了化学起源说、宇宙胚种论、星云中继假说等生命起源假说。书中不仅揭示了科学家在搜寻地外生命方面所做的艰苦努力，还解析了太空中适居星球的生命特征，并客观分析了宇宙空间中威胁生命成长的危险因素。通过阅读本书，读者可以深刻理解宇宙与地球生命的密切联系，对生命起源有更加深入的认识，从而激发起对未知世界的好奇心和探索热情。这本书是了解生命起源、生物大灭绝和地外生命搜寻等引人入胜的科学话题的重要读物，适合对宇宙和生命科学感兴趣的每一位读者。

托马斯 · R. 切赫，1989 年诺贝尔化学奖得主

两位作者娴熟地描述了天体物理学、地质学和化学如何在原始地球上碰撞，从而激发了生命。这场发人深省的讨论解决了一个古老的问题："地球以外的宇宙中有生命吗？"这本书将帮助你找到答案。

亚当 · 里斯，2011 年诺贝尔物理学奖得主

这本书将以下两个问题联系了起来："外太空有生命吗？生命是如何在这里开始的？"这趟令人兴奋的旅程与我们不期而遇。这是人类对我们在宇宙中的位置的最伟大的探索。我强烈推荐这本书……它绝无仅有。

詹妮弗 · 杜德纳，2020 年诺贝尔化学奖得主

本书是对生命起源及生命在地球之外出现的可能性的一次迷人的探索。这本书凝聚了天体物理学家马里奥 · 利维奥和我的博士导师、诺贝尔奖得主杰克 · 绍斯塔克的深刻见解，对于所有对宇宙和我们在其中的位置感到好奇的人来说，都是一本必读书。

文奇·拉马克里希南，2009年诺贝尔化学奖得主，英国皇家学会前会长

这本书清晰地讲述了生命是如何从简单的化学物质开始的，并探讨了地外生命的前景。这是科学界两个最大的未解之谜，这本书读起来很有趣。

马丁·里斯，英国皇家学会前会长

“生命是如何开始的？我们在宇宙中是孤独的吗？”这些都是永恒的谜团。但令人兴奋的是，新的见解和先进的仪器正在为解决这些问题带来真正的科学进步。这本书的两位作者——在天文学和生物化学方面都很杰出——以权威和清晰的方式阐述了当前的争论和未来的前景。这本书展示了科幻小说是如何变成真正的科学的，适合更广泛的读者阅读。

约翰·D.萨瑟兰，英国皇家学会会士

终于，有一本研究生命起源背后的科学原理的书了。

萨拉·西格尔，麻省理工学院天体物理学教授

从历史上的里程碑到现代科学的前沿，这本书为任何想要了解地外生命起源及其可能性的人提供了不可或缺的指南。

迪米塔尔·萨希洛夫，哈佛大学菲利普斯天文学教授，哈佛大学生命起源计划主任

年轻地球的化学是如何向生物化学转化的？生命在宇宙中是普遍存在的吗？在这本精彩绝伦的书中，利维奥和绍斯塔克向我们介绍了这个即将突破的领域。他们是带领我们进行这一探索的最佳向导。雄辩、深刻、前沿，这本书将带你回顾过去10年的惊人进步。就像《达·芬奇密码》一样，这本书从头到尾都引人入胜。

克雷格·文特尔，人类基因组计划领衔专家

利维奥和绍斯塔克全面且精彩地回顾了生命起源的证据以及在宇宙其他地方发现生命的可能性。这是化学和生物学的一种伟大结合，两位作者，一位是生物化学领域的顶级研究人员，另一位是天体物理学家兼畅销书作家，二人讲述了太空生物学领域取得的令人兴奋的突破和可能存在的外星生命。

约瑟夫·西尔克，著有《重返月球：人类的下一个巨大飞跃》

这是一次令人兴奋的RNA世界漫游，让我们直面对生命起源的终极挑战：我们在宇宙中是孤独的吗？

亚当·弗兰克，天体物理学教授，著有《外星人小传》

这本精彩的书回答了一个精彩的问题。随着天文学家终于开始认真地寻找外星生命，利维奥和绍斯塔克围绕这一探索的基本问题写了一本文字优美、通俗易懂的书。从生命如何开始到它可能起源于哪些行星，这本书提供了关于这些问题的深刻见解。对于所有对古老的生命问题及其宇宙繁殖力感兴趣的人来说，这是一本必读书。

《华尔街日报》

这本书向人们展示了我们目前取得的成就，以及未来还有多少工作要做。

《柯克斯书评》

利维奥和绍斯塔克详尽记述了最新研究成果……令人信服的描述……这是一项引人入胜的研究的最新成果。

《大思想》

利维奥和绍斯塔克这对搭档将各自的专长结合在一起，让这本书读起来充满了乐趣。它带领读者去寻找地球生命起源和外星生命的科学前沿。

保罗·伍兹,《自然-天文学》

利维奥和绍斯塔克的讲述详细、不拖沓，这无疑会给读者带来更多的启发。回顾我们在解决人类存在的基本问题上所取得的进展，会给人们一种强烈的乐观情绪。

BBC《仰望夜空》杂志

要在300页左右的篇幅里涵盖一个宏大的主题是一件困难的事情，但这本书将相关问题无缝地联系在一起，非常详细，强调了我们在理解地球上生命起源方面的现有认知，并回答了一个基本问题：我们在宇宙中是孤独的吗？

戴维·迪金森,《今日宇宙》

天体生物学是一个融合了生物学、化学、天文学等多个学科的领域。

《出版人周刊》

这本书既富有挑战，又吸引人。

目 录

第 1 章

是怪异的化学事故，还是宇宙的必然要求？

她像是有生命的一族，很了不起，简直活灵活现的！

刘易斯·卡罗尔，《爱丽丝镜中奇遇记》

在日常生活中，我们已经习惯了这样一个事实，即心理学的“时间之箭”所指的方向使我们能够审视、研究、反思和记忆过去的事件。但我们同样意识到，我们不可能回忆未来。我们最多只能尝试做出预言、推测，或者想象未来。正如诗人卡里·纪伯伦所写的那样：“因为生活不会倒退，也不会停留在昨天。”

矛盾的是，当谈到地球上生物的生命现象时，我们非常确定大自然将如何在遥远的未来终结它，但我们并不知道它到底是如何开始的。我们所知道的生命的自然终止（不是由占主导地位的物种的自我毁灭行为引起的消亡），将由我们比较了解和可预测的天体物理过程和大气过程决定（除非发生不可预见的宇宙事件，如小行星撞击或附近的γ射线暴，导致生命现象提前结束）。

例如，我们知道，在大约50亿年后，我们的太阳将急剧膨胀成为一颗红巨星，地球也将被烧焦，甚至可能被太阳膨胀的外壳所吞噬。复杂的多细胞生命将在更早的时候灭绝，大约10亿年后，太阳演化后期的温度上升将导致地球生物圈发生危险的衰退。

但与此同时，有关生命起源的问题则仍然是一个谜。尽管我们在理解生物学的组成方面取得了巨大进展，但我们仍然不知道究竟是什么导致了生命的自发出现，也不知道第一批细胞是如何突然出现的。正如英国化学家约翰·萨瑟兰所说，关于从化学中衍生出生物学的那个重要时刻，我们只能说生命是“突然”出现的。萨瑟兰还诙谐地提到了氰化物的突然发现，正如我们将看到的，氰化物在生命起源中发挥了至关重要的作用。

与生命起源密切相关的另一个问题是：我们在宇宙中是孤独的吗？至少从古希腊毕达哥拉斯时代起，这个问题就引起了人类的兴趣。或者我们也可以换一种更现代、更实际的说法：银河系是否像许多科幻作品描绘的那样还有其他生命存在？换言之，我们想知道人类是否终于结束了在银河系的孤独现状。

虽然本书的两位作者中一位是天体物理学家，另一位是化学生物学家，但在我们的整个科学生涯中，我们都为这些宇宙之谜着迷。我们确实一直对这些问题很感兴趣，但在很长一段时间里，我们除了好奇之外无能为力，因为直到最近，这些问题仍被认为是棘手的，我们可能毕生都无法解决，甚至只能在科学的边缘徘徊。它们往往被归入“太难”的类别。

但这种情况在过去 30 年中发生了巨变。地球上的生命是如何开始的？我们在银河系里是孤独的吗？试图准确回答这两个问题的科学研究已经成为最具活力的两个前沿领域。

值得注意的是，这两个问题的答案取决于第三个问题。这个问题相对简单，定义明确，而且更容易回答（至少原则上如此）：在一颗潜在宜居的行星表面出现生命的可能性有多大？这个问题涉及两个完全不同且基本独立的研究领域。第一，目前的实验室研究旨在确定生物学是否真的可以从纯化学中产生；第二，天文学的很大一部分内容就是致力于寻找其他行星或卫星（无论是太阳系的还是其他恒星周围的）上明确的生命迹象。这两种方法目前都引起了人们的浓厚兴趣，也是科学家群体积极探索的主题。事实上，正如美国国家科学院、美国国家工程院和美国国家医学院 2021 年 11 月发布的一份报告所概述的那样，在太阳以外的恒星周围的行星——系外行星——上寻找生命，现在已成为美国天文学界的一致目标。本书的两位作者均（在自己的学科领域中）当仁不让地参与了这些探索。

我们想在本书中强调的一个要点是，追寻地球上生命的起源和寻找地外生命是两个具有强大共生关系的科学课题。其中一个方面的成功将为另一个方面提供极其鼓舞人心的线索和强大的动力。原因很简单。如果我们能在实验室中找到一条从化学通往生命的途径，那么这将意味着大自然也有可能做到这一点，因为它拥有更复杂多样的环境和亿万年的时间，甚至可能在宇宙中的许多地方，包括我们的银河系家园，做到这一点。此外，如果我们能全面了解地球上生命起源可能涉及的一系列令人信服的事件、过程和环境条件，我们就可以更好地预测生命在其他行星或卫星上自发出现的可能性或不可能性。这些见解都有助于我们去寻找地外生命。

从另一个角度思考，如果我们通过天文观测发现地外生命是相对普遍的，那么我们将更加相信生命存在一条不可避免的地球化学演化路径。反过来，这种信念将激励人们去发现正确的初始条件、种子材料、必要的能源和化学反应网络，而这些都是生命出现的先决条件。更进一步来讲，探寻生命起源问题和寻找地外生命这两方面的研究，将为天文学、地质学、化学和生物学等领域和学科的探索提供独特的机会。

这里还有一个重要的问题需要考虑。我们知道，在许多领域中和许多情形下，零一无穷（ZOI）规则都适用。也就是说，一个实体或者被完全禁止（0 态），或者哪怕它再罕见也会有一个样本存在（1 态），或者只要有一个样本，我们就能期望有大量的样本存在（无穷态）。因此，如果存在某种完全独立于地球上生命的地外生命（生命的第二起源），那么（应用ZOI规则）我们可以合理地假设宇宙中可能有无限多的生命存在。

本书讲述了科学界在这两方面并行努力的有趣故事：一个领域的明确目标是在实验室中找到从化学到生命的路径，另一个的目标是发现地外生命。这些任务均隐含着合作和偶尔的竞争（谁会首先达成目标），但都非常有趣。它们都将目标着眼于解决人类的核心谜题："我们从哪里来？我们为什么在这里？我们是孤独的吗？"虽然这可能听起来有点儿夸张，但这些追求最终实际上是要了解我们自身的起源，以及我们在这个广袤、古老和复杂的宇宙中的位置。

生命是一个多么美好的概念

虽然这两个问题——"生命是如何开始的？""有地外生命吗？"——自古以来就让人类着迷，但在有记录的大部分历史中，几乎每个人都认为第一个问题的答案很简单："上帝创造了它。"事实上，在 19 世纪初之前，就连科学家也非常确信，生物体必然被赋予了某种神秘的"生命力"，由此才与无生命的物质区分开来。然而，第二个问题则引发了一场争论，其源头可以追溯到数千年前，当时的人们对"其他可居住的世界"的设想进行了大胆猜测。例如，早在公元前一世纪，古罗马的伊壁鸠鲁派诗人卢克莱修（Titus Lucretius Carus）就写道：

那为什么你必须承认
在天空的其他区域存在其他的世界，
那里有不同部落的人和各种野兽。

在这场旷日持久的理论交锋中，哥白尼的日心说模型具有突出的里程碑意义，因为它不仅为地球在广阔宇宙中的重要意义提供了一个全新的视角，而且为其他类似地球世界的存在提供了一种现实的框架，在这个框架内，其他类似地球的世界至少是可以想象的。16 世纪末，意大利多明我会修道士兼哲学家乔尔达诺·布鲁诺对哥白尼的这些在当时来看很新颖的概念进行了扩展。他提出了一个著名的猜想："太空中有无数的星座、恒星和行星；我们只看到恒星是因为它们发光；行星因为又小又暗，是看不见的。还有无数个地球围绕着它们各自的太阳旋转，它们既不比我们的地球更糟，也不比我们的地球等级低。"布鲁诺用丰富的想象力预见了近代科学，并进一步得出结论："任何理智的人都会认为，比我们这个星球宏伟得多的天体上可能会孕育出与我们地球上的生物相似甚至更优越的生物。"不幸的是，由于布鲁诺顽强捍卫在当时被视为异端的非正统伦理和神学思想，他于 1600 年 2 月 17 日被罗马宗教裁判所烧死。

从 17 世纪开始，不断有人提出与宇宙多样性有关的主张。著名科学家，如天文学家约翰内斯·开普勒和克里斯蒂安·惠更斯，以及其他有影响力的知识分子，如法国科学作家伯纳德·丰特奈尔，都认为地外生物有可能存在。在伽利略发现四颗围绕木星运行的卫星后，开普勒很快就推断出："结论很清楚，我们的月球是为地球上的我们而存在的，而不是为其他星球而存在的。这四颗小卫星是为木星而不是为我们而存在的。反过来，每颗行星及其居住者都由各自的卫星来提供服务。从这一点出发，我们推断出木星有人居住的可能性最大。”此外，伽利略本人对其他可居住的世界的存在持不可知论的态度。他谨慎地说：“我既不应该肯定（其他行星上的生命），也不应该否定它，而应该把决定权留给比我更聪明的人。”

伴随着宇宙多样化的声音，也有人强烈否认存在地外生命的说法。出现这种观点的主要原因在于，仅仅是其他星球上有居民的想法就可能对天主教会的某些教义产生令人不安的影响。反对者提出了一些教会难题，例如，“如果其他星球上真的有人，他们也是亚当和夏娃的后代吗？”“耶稣基督也是他们的救世主吗？”

鉴于宗教思想在人类历史的大部分时间里都有着巨大影响，毫不奇怪，“生机论”和相信生命必然遍布宇宙的观念最初更多地基于神学而非科学论据。生机论在很大程度上受到了《圣经》中文字的启发：“耶和华神用地上的尘土造人，将生气吹在他的鼻孔里，他就成了有灵的活人。”亚里士多德也认为，灵魂是“有生命的身体的现实”。还是基于宗教信仰，一些19世纪的思想家坚持认为存在有人居住的地外世界，因为如果不是这样，巨大的浩瀚空间似乎是对造物主努力的巨大浪费。

到了20世纪，哲学家和在哲学上日渐成熟的科学家，开始尝试去定义生命。就连量子力学的创始人之一埃尔温·薛定谔也在1944年出版了一本名为《生命是什么？》（*What Is Life?*）的小书。这大大激发了人们对发现遗传的化学基础的热情。然而，总的来说，每个人对生命的定义都各不相同。分子生物物理学家爱德华·特里福诺夫收集了研究者关于生命的123个定义。在分析了他们的措辞后，他于2011年提出了凝练共识的定义：“生命是一种带有变异的自我复制。”尽管如此，美国国家航空航天局的天体生物学部门还是采用了一种早期的定义（它与其他大多数定义一样饱受争议），即“生命是一个能够进行达尔文进化的自持的化学系统”。但是，我们感兴趣的并不是对生命的普适性定义。总的来说，我们认为，关于“生命是什么”的讨论在帮助我们理解生命起源方面并不是特别富有成效。而且，它致使我们陷入了用一个词来涵盖多种不同现象所产生的混乱状态。相反，我们认为真正重要的是，找到一条在一个年轻的星球上产生生物性变化的路径。到目前为止，我们只知道整个宇宙中生命产生的一个例子——地球上的生命。这一事实让揭示这条难以捉摸的路径变得很难。原则上，其他地方的生命可能会采取我们无法识别甚至无法想象的形式。

生物学家已经取得了一定的进展，确定了生命所需的一些基本要素，以及塑造地球上每种生命形式必备（也是至关重要）的几种属性。这些基本要素包括：第一，为新陈代谢反应提供动力的能源；第二，可以促进这种（和其他）反应的液体溶剂；第三，产生生物质所需的营养素。

地球上生命形式的必备特征如下：第一，生命由细胞组成；第二，可以进行新陈代谢（也就是说，它可以从环境中获取能量和物质，并将其用于生长和繁殖）；第三，利用催化剂来协助和加速化学反应；第四，包含一个信息系统。最后一个特性意味着生命可以复制自己的特征，并且可以经历达尔文进化——它拥有的化学指令可指导操作，它携带的信息可以代代相传。简言之，我们所知道的生命需要以某种方式无缝整合这四个子系统，即区隔化（细胞）、新陈代谢、催化和遗传。

尽管所有研究生命起源的人员都认为地球上所有生物都有这些特征，但几十年来，人们一直就这些特征是否分主次以及如果分，哪一个是最基本的持有异议。具体来说，为了让生命出现，地球上必须首先出现哪一项特征？正如我们很快将看到的那样，这一特殊的混乱状态似乎在过去 20 年中以某种意想不到的方式得以厘清。

生命之书

在奥斯卡·王尔德的戏剧《无足轻重的女人》中，伊琳沃勋爵称："生命之书从花园里的一男一女开始。"对此，亚龙比太太机智地回应道："它以启示录作为结尾。"

尽管人们基于强烈的宗教情绪认为生活必须包含一些魔法或神圣干预的成分，但在 19 世纪初，人们的观点开始发生变化。1828 年，德国化学家弗里德里希·维勒偶然间从常见化学物质中合成了尿素——一种在尿液中发现的物质，以前被认为是生命所独有的。欣喜若狂的维勒对自己在实验室中成功仿制出大自然中的物质感到高兴，他写信给他的老师兼合作者、化学家约恩斯·雅各布·柏齐力乌斯："可以说，我激动得手都抖了，我必须告诉你，我可以在不需要人类或狗的肾脏的情况下制造出尿素；氰酸的铵盐就是尿素。"

查尔斯·达尔文的自然选择进化理论，使人们对生物学的理解发生了戏剧性飞跃。尽管达尔文理论本身完全回避了生命起源问题，对生物最初是如何形成的只字不提，但 1871 年达尔文在给朋友约瑟夫·道尔顿·胡克的一封信中谈到了地球生命可能是如何开始的这个问题。他写道（这句话现在很著名）："我们想象（哦，这是个多么大的假设）在一个温暖的小池塘里有各种氨和磷酸盐、阳光、热、电等条件，想象蛋白质化合物已经通过化学方式形成，并且正准备经历更复杂的变化。如果是在今天，这种物质会被立即吞噬或吸收，而在生物形成之前，这种情况是不会发生的！”

达尔文的这个富有先见之明的推测之所以引人注目，至少有 5 个原因。第一，它完全消除了对生命起源中任何超自然事物的需求；第二，它表明生命可能起源于一个“温暖的小池塘”，正如我们将要看到的，这种观点与我们今天的想法一致；第三，它将氨和磷酸盐（含氮和磷的化合物）确定为（潜在的）生命所必需的物质，这也是一种令人难以置信的先见之明；第四，它提出某种形式的“蛋白质化合物”可能在产生生命的化学过程中发挥了作用；第五，为了避免给人留下生物体可能反复出现的印象，达尔文指出，最初的生命形式产生的条件在今天已经不复存在。

人们对生命只不过是高度复杂的化学系统的结合这个观点深恶痛绝。怀疑论者声称，生命的设计过于巧妙，不可能仅仅通过偶然的过程产生，也不可能只遵循物理和化学定律。因此，即使是许多原则上接受生命的化学起源的人，他们过去也认为必须有一些极其罕见的偶然事件，才能一举将最初的活细胞的所有成分整合在一起。

当今地球上所有细胞生命都具有令人难以置信的复杂性，这一事实让人们进一步相信这种复杂性是从简单构建块的混沌汤中创造出来的。但这种复杂局面最令人困惑的一个方面是，现存生命的所有部分和过程都以循环的方式依赖于其他部分和过程。例如，生命需要通过复杂的新陈代谢来制造生物化学物质，这些物质是组装蛋白质酶所必需的，而催化新陈代谢本身的反应又需要用到这些蛋白质酶！同样，要对蛋白质（生命的主力分子）进行指定方式的组装，就需要用到核酸分子（DNA 和 RNA）来对相关信息进行编码，而蛋白质又是制造 DNA 和 RNA 所必需的物质。更令人困惑的是，为了让所有这些分子都能完成各自的使命，又需要由细胞膜将所有分子参与者聚集在一起。而细胞膜是由被称为脂质的脂肪化合物制成的，这些脂肪化合物则是由蛋白质酶合成的。这种自我指涉或递归的活动（让人想起平面艺术家埃舍尔的一幅著名画作，画中两只手在互相画画）深深嵌入现代生物体的结构，以至于多年来，似乎需要有一些奇迹般的事件来弥合化学物质的随机混合物和活细胞的高度组织结构之间的差距。早在 1981 年，DNA 双螺旋结构的共同发现者弗朗西斯·克里克就强调："一个诚实的人，即使掌握了我们现在已有的所有知识，也只能承认在某种意义上，生命的起源似乎仍是一个奇迹，那么多的条件必须都得到满足才能让它继续下去。"

毋庸置疑，认为生命在地球上出现可能是一场怪异的化学事故的观点，让人们对在其他地方发现生命的可能性持悲观态度。毕竟，生命的起源是标志着从一个仅仅"适合居住"的地外场所转变为有人居住的环境的关键一步。因此，在 20 世纪 50 年代甚至 60 年代初，很少有天文学家敢直言相信地外生命的存在，尤其是地外智慧生命。

20 世纪 60 年代末，事情开始朝另一方向发展，首先是在化学生物学方面。即便如此，要克服观念上的障碍，即生命不可能诞生于化学中这一信念所形成的障碍，至少需要下述两项诺贝尔奖获得者的发现，还需要我们对生命起源思考方式的彻底逆转。

第一项发现涉及确定特定的RNA分子（即转运RNA，也叫tRNA）的结构，RNA是蛋白质合成机制的一部分。这种核酸链的复杂三维图震惊了科学界。与相对来说特征不明显且相当稳健的重复双螺旋结构DNA不同，RNA是一种单链分子，而且像蛋白质一样有着复杂的折叠结构。康奈尔大学的化学家罗伯特·霍利是第一位研究tRNA序列及其二维化学结构的研究人员，1968 年，他因这一工作与威斯康星大学的哈尔·戈宾德·霍拉纳、美国国立卫生研究院的马歇尔·尼伦伯格一起被授予诺贝尔生理学或医学奖。不久后，剑桥大学医学研究委员会的阿伦·克鲁格和麻省理工学院的亚历山大·里奇确定了令人惊讶的RNA三维折叠结构。

包括弗朗西斯·克里克和英国化学家莱斯利·奥格尔在内的一些科学家立即意识到这种惊人结构的潜在含义，它意味着RNA可能像酶（一种与蛋白质类似的生物催化剂）一样发挥作用。于是奥格尔提出了一个突破性的想法，即地球上的早期生命是不含有DNA和蛋白质的。相反，他认为，生命是从核糖核酸开始的！这在当时来看是一个大胆的猜测，对大多数研究人员来说，RNA可能既携带序列中的信息，又能加速化学反应（在此之前，生物学认为这是蛋白质酶的专属领域）的想法太让人难以接受了。直到大约 20 年后，化学家托马斯·切赫和分子生物学家西德尼·奥尔特曼才真正发现了RNA酶，并因此获得了诺贝尔奖。这是一项开创性的发现，它彻底改变了人们对生命起源的思考方式。它意味着，原则上，RNA可以作为一种酶，甚至能够催化其自身的复制，从而有可能解决棘手的“先有鸡还是先有蛋”的难题。突然之间，一个比目前任何一个细胞都简单得多的原始细胞出现了。在这个假定的“原细胞”中，RNA分子发挥着双重作用：既作为遗传信息的载体，又作为细胞的酶，来执行细胞的基本功能。最重要的是，后一作用包括遗传信息的复制。在这种新情况下，DNA和蛋白质可以被视为进化后来的产物，专门为存储信息和催化化学反应而定制。这意味着生命史上可能存在一个更简单的时代，在这个时代，RNA独自扮演关键细胞演员阵容中的所有主角——既是“鸡”又是“蛋”，它被称为RNA世界。

从天文学的角度看，最初的进展有些滞后，但后来事情开始以惊人的速度发展。具体来说，1995 年 10 月 6 日，日内瓦大学的天文学家米歇尔 · 马约尔和迪迪埃 · 奎洛兹宣布首次明确探测到太阳系外围绕类日恒星运行的行星。他们也因这项突破性发现而获得 2019 年诺贝尔物理学奖。

寻找其他可居住的世界

可以公平地说，在寻找其他可居住的世界这个问题上，我们现在比 30 年前更接近答案，但这个问题仍然悬而未决。

截至 2023 年秋，天文学家在 4 100 多个行星系统中发现了 5 500 多颗已确认的（太阳）系外行星。其中有 930 多个行星系统拥有至少一颗行星。此外，还有 7 400 多颗候选的太阳系外行星有待最终确认。这些系外行星主要是由开普勒太空望远镜和凌日系外行星勘测卫星（TESS）发现的。你能想象吗？在短短 30 年的时间里，天文学已经从不知道除太阳以外是否还有其他被行星围绕的恒星，发展到了拥有储存数百万颗行星资料的宝库！这一结果的直接统计意义是，我们的银河系充满了行星。

更令人兴奋的是，天体物理学家现在估计，银河系中至少有 1/5 的类太阳恒星或更小的恒星在其宜居带（habitable zone）中存在一颗与地球大小差不多的行星（甚至每三颗恒星中可能就有一颗是这种情况）。宜居带是指行星与寄主星（或母恒星）之间的适宜生命存在的环形范围，在该范围内，类地行星表面的温度既不会太高也不会太低，刚好适合液态水（以及潜在的生命）稳定存在。通常，如果已知地球大小的系外行星的轨道和寄主星的性质（如表面温度、光度和质量），那么我们至少可以根据假设的行星大气层成分估计该恒星的宜居带边界。大气通常被认为主要包含氮气、二氧化碳和水蒸气，后两种成分被认为是温室气体。虽然其他因素，如大气质量和成分、地质和地球化学驱动因素、行星的自转速度、营养素的存在与否、能源的可用性、对有害辐射的防护，以及寄主星本身的类型和稳定性等，对于确定一颗行星是否真的“宜居”很重要，但研究表明，理论上银河系中可能存在数亿甚至几十亿颗宜居的行星。

这些惊人的天文发现，再加上化学生物学方面颇有远见的新见解，极大地推动了对地外生命的探索和通过实验室化学来创造生命的尝试。在将这些科学突破与地球上现有的地质发现进一步结合起来后，人们可能会得出结论，认为（某种形式的）生命可能无处不在。值得注意的是，地质学家已经表明，大约 37 亿至 35 亿年前，即“仅仅”在地球表面冷却到允许液态水存在的数亿年后，地球上的生命形式就已经相当丰富了。因此，许多人受到了天文学家卡尔·萨根的乐观主义的感染（萨根可能是历史上最热情、最极力倡导在其他地方寻找生命的人），对此我们不应该感到惊讶。萨根曾兴高采烈地宣称：“生命的起源必定是一件极有可能的事情；只要条件允许，它就会出现！”当时许多生物学家都对此表示同意。诺贝尔生理学或医学奖获得者克里斯蒂安·德迪夫则更进一步，他认为生命在宇宙中的出现是“宇宙的当务之急”。

说实话，我们真的不能确定。目前在各个层面上，仍然存在许多尚未解决的问题和严重的不确定性。例如，在过去的几十年里，生物学家一直在争论生命的哪些关键特征——细胞、新陈代谢、催化或遗传——最先出现。也许可以预见，科学家倾向于分成四大阵营。“代谢优先”阵营的成员声称，利用环境资源维持生物体生存的能力是必须发展的首要能力。第二个阵营认为，遗传学或“复制优先”——产生后代的能力——无疑是通过自然选择进化的基石。第三个阵营认为，如果没有能够促进和加速化学反应速率的催化剂，就很难想象遗传学和新陈代谢如何发挥作用，因此支持“催化优先”，这意味着蛋白质酶是生命出现的必要先决条件。第四个阵营认为分区优先。如果没有某种小型容器、一个原胞、一个原生细胞把所有分子聚集在一起，与周围环境分开，生命就不可能起源。多年来，分属不同阵营的成员热衷于各自选择的对象，并固执地坚持自己的观点，以至于在关于生命起源的科学会议上，在场的那些科学记者经常听到来自某个阵营的科学家毫不掩饰地诋毁其他阵营的观点。科学似乎与政治越来越像了。

好吧，那个特殊的问题也许已经解决了。令人惊讶的是，生命起源研究人员的最新发现似乎表明，过去40年来对生命起源问题的整体看法可能被误导了。“谁先出现”的争论源于这样一个事实，即假设找到一种方法来构建第一个单元，再构建下一个单元，上一个单元为下一个单元铺平道路。但是，这种想法在过去几年中发生了巨变。最新的想法表明，子系统的构建块是可以同时形成的。研究人员已经成功地证明，一些在早期地球上很容易获得的简单化合物可以引发这样一个化学反应网络（将在接下来的5章中做详细描述），这些化学反应基本上可以同时产生核酸（遗传分子的核心）、氨基酸（蛋白质的制造来源）和脂质（细胞壁的构建来源）。换言之，本书作者之一杰克·绍斯塔克实验室的实验、化学家约翰·萨瑟兰实验室的突破性研究，以及他们许多同事的研究表明，尽管第一批细胞是非常复杂和精确的实体，但它们可能是由较小的、恰好合适的构建块组成的。因此，研究人员现在的目标变得更加雄心勃勃。他们不去检查某个成分，而是试图勾勒出一个完整、统一的轮廓。也就是说，这幅图将融合前生物化学（生命产生之前的化学，生命的组分可能就是通过它合成的）实验室的所有现有数据与天体物理学、地质学和大气科学的观测结果，描绘出一条稳健的生命之路。在这方面，未来对火星进行的直接的地表化学探测（通过研究从火星返回地球的样本来实现）可能会提供令人兴奋的新机会。它的发现可能会让我们了解早期环境，从而使我们对生命起源的理解实现飞跃。而由于地球外壳的动力学循环，我们已经无法从地球的地质记录中找到这些环境留下的痕迹。

当然，无论是壮观的天文发现，还是迄今为止在实验室中取得的有前景的结果，都没有对“生命是怪异的化学事故，还是宇宙的必然要求？”这个问题给出明确的答案。有人可以理直气壮地说，在没有直接证据表明存在不间断的化学生命途径的情况下，即使条件合适，我们也不能确定生命就一定会出现。同样，天文学家（到目前为止）还没有发现任何令人信服的地外生命的迹象，这一事实让我们在评估存在地外生命的可能性方面一无所获。人们无法可靠地计算未知过程或尚未发现现象的可能性。英国物理学家保罗·戴维斯指出，银河系中虽然有许多“宜居”行星，但这并不一定意味着其中任何一颗（地球除外）都有人居住。即使太阳系外行星的温度和化学成分有利于生命的存在，我们仍然不知道生命诞生的可能性有多大。地球上的亲生物条件可能完全是在逆境中出现的，一个智能物种的进化可能是一种罕见的侥幸，而不是进化的一般性结果。尤其是人类的存在，这可能是由一系列宇宙的偶发事件促成的。例如，如果不是大约 6 600 万年前的一次偶然的小行星撞击导致恐龙灭绝，人类可能根本不会出现。

最后一点带来的问题与关于地外生命普遍存在的可能性的问题一样有趣。银河系中是否存在其他形式的复杂或“智慧”生命？事实上，到目前为止，还没有任何证据表明存在其他智慧生命。如果存在的话，我们现在应该能看到一些技术文明留下的迹象（技术特征），这一明显矛盾被称为“费米悖论”。这一命名还有这样一个著名的故事，著名物理学家恩里科·费米问他的同事：“人都在哪里呢？”他对银河系中没有发现其他智慧生命存在的迹象表示惊讶。费米认为，在合理的假设下，一种先进的技术文明可能在比太阳系年龄短得多的时间内到达我们银河系的每个角落。因此，目前我们毫无发现的结果非常令人困惑。尽管多年来已经提出了许多关于费米悖论的潜在解决方案，但对于哪一种方案（如果有的话）是正确的，仍然没有达成共识。人们甚至可以得出结论，有这么多可能的解释本身就表明，这些解释中没有一个是真正令人信服的。然而，更重要的是，费米悖论确实提出了一种令人不安的可能性，即可能存在某种“大过滤器”——某种瓶颈——阻止智慧文明的出现，让进化的某些阶段或长期生存变得极其困难。这个概念最初是由乔治梅森大学经济学家罗宾·汉森于 1996 年提出的。如果这是真的，这可能会对地球上的生命产生苛刻的影响。这种过滤器或概率阈值可能发生在我们这个文明的过去，在这种情况下，我们可能是极少数（甚至可能是第一个！）成功“通关”的文明之一。这将给我们肩上施加巨大的责任。但过滤器也可能存在于我们的未来，在这种情况下，新冠感染大流行或当前的气候变化危机可能只是一场儿童戏剧的排练，以帮助我们完成在未来成功通过这样一个过滤器的艰巨任务。我们将在第 11 章回到有关费米悖论及其分支的讨论上来。

我们希望上述简短的讨论能让你明白，天文学家、行星科学家、大气科学家、地质学家、化学家和生物学家（包括本书两位作者在内的这个庞大群体）正在试图解决一些令人生畏的难题，而我们还不具备解决这些难题的全部要素。即使过去几十年中科学发生了巨大的进步，我们也仍然不知道生命起源到底是一场极其罕见的化学事故的结果（在这种情况下，我们在银河系中可能是孤独的存在），还是一种化学上的必然（这可能会使我们成为一个巨大星系团的一部分）。两种前景都有其深远的科学、哲学、实践乃至宗教上的意义。它们甚至可能决定着我们对一系列可能存在的风险所采取的行动方针，无论这些风险是人类自己造成的还是宇宙本身的。从某种意义上说，地外生命的存在与否可以作为一面镜子，让我们审视和思考自己的成就，以及我们的罪责和缺点。地外人，如果他们存在的话，可以帮助我们判定作为人类的确切含义。

为了解决这些难题，我们必须采取一些具体行动。大约 4 个世纪前，伽利略为我们提供了一份路线图。如果我们想破译宇宙，我们就应该遵循这条路线。他认为，找出自然真相的唯一方法是通过耐心的实验和仔细的观察，最终得出深思熟虑的理论。反过来，这些理论还需要通过进一步的实验和观察来检验。这就是科学方法的基础，即某种程度上获取知识的理想化经验过程。正如夏洛克·福尔摩斯曾经指出的那样："在没有数据之前就进行理论推导是一个巨大的错误。在这种情况下人们扭曲事实以适应理论，而不是让理论来适应事实。"我们需要不断进行实验室实验，以寻找通往生命的化学途径（如果存在的话），同时进行天文观测，以探测地外生命的迹象

（如果这些迹象不是极为罕见的话）。实验室实验包括两个主要步骤。第一，化学家需要充分了解生物分子是如何在一个年轻的星球上合成的；第二，一旦正确的生物分子能够存在，生物化学家就需要去发现这些分子的集合是如何组装起来，并且能像活细胞一样发挥作用。反过来，这些发现可以为地质学家、行星科学家、大气科学家和天文学家提供生命出现所必需的行星环境的信息。

正如我们稍后将详细描述的那样，考虑到在无限广阔的宇宙中（甚至只是在我们的银河系中）寻找生命所面临的客观困难，为了增加成功的机会，天文学家对这个问题采取了三管齐下的攻坚计划。第一项任务是努力在太阳系中寻找过去或现在地外生命存在的迹象。第二项任务旨在寻找位于寄主星的宜居带内的系外类地行星大气层中的生命迹象（生物印记[①]）。第三项任务是设法在整个搜索过程中找到一条捷径，力图检测出智慧的技术文明留下的印记。以下是对一些现有的和不久后将出现的天文设施的简要描述。随着詹姆斯·韦伯太空望远镜（JWST）在 2021 年圣诞节成功发射，以及凌日系外行星勘测卫星为JWST初步确定了合适的太阳系外行星目标，天文学家首次有机会表征（或至少是探测）相对较小的岩石行星的大气层，或者稍大的（亚海王星级）海洋行星的大气层。研究人员最终想找到远远超出化学平衡的气体，这种气体不可能由纯粹的非生物（与生命无关）过程产生。正如我们将在第 9 章中解释的那样，发现一个富含氧气的大气层将表明该行星可能曾存在生命，因为我们知道，

---

① 生物印记（biosignatures）一词在本书中专指生物留下的环境印记（如大气含氧量），而不是指生物本身携带的特征（features），所以译作“生物印记”而不作“生物特征”。同样，technosignatures 译作“技术印记”而不作“技术特征”。——译者注

地球大气层中的氧气几乎拥有同一个来源：生命。

其他令人兴奋的项目也在进行中。欧洲极大望远镜（ELT）直径达130英尺[①]，计划于2028年开始运行。这架望远镜将是天空中最大的光学/近红外“眼睛”，它将试图拍摄到系外类地行星的图像。同样，位于智利阿塔卡马沙漠中的拉斯坎帕纳斯天文台正在建造直径为83英尺的巨型麦哲伦望远镜（GMT），30米望远镜（TMT）可能落地夏威夷的冒纳凯阿火山。这些望远镜预计将于2030年左右开始投入观测。

寻找地外技术印记（始于寻找地外智能）的势头也在增强。除了艾伦望远镜阵列（Allen Telescope Array）的前42个单元已经在北加利福尼亚州的哈特克里克射电天文台（Hat Creek Radio Observatory）开始建造，还有“突破聆听”（Breakthrough Listen）项目，该项目旨在观察大约100万颗近距恒星（观测其无线电波和可见光波段的光谱）。2019年年底，“突破聆听”项目开始与TESS合作，扫描TESS发现的行星。中国的500米口径球面射电望远镜（FAST）也将“探测星际通信信号”列为其科学任务的一部分。此外，伽利略计划是对传统的搜寻地外文明（SETI）项目的补充，因为SETI搜索的是可能与地外智慧的技术设备有关的物理实体，而不是电磁信号。

如果说我们认为地外生命的发现指日可待，那就太夸张了。但所有的努力确实为这种乐观前景提供了现实的理由。如果生命在银河系中无处不在（或者如果我们很幸运的话！），我们就有可能在未来的一二十年发现一颗有生命的行星。

我们认为，地外生命（尤其是智慧生命）的发现，或者实验室

① 1英尺=0.304 8米。——编者注

中生命的合成，将掀起一场革命。这场革命将使哥白尼和达尔文革命也相形见绌。读者们，我们将为你们提供一个通往这些宏伟目标的迷人探索的最佳观察位置。我们相信，我们这一代人最有可能在人类历史上发挥关键作用，成为第一批知道我们来自哪里以及我们是否在银河系中独一无二的人。从理智上讲，本书两位作者最害怕的莫过于当这些重大发现出现时，我们可能已经不在世了。也许这并不奇怪，死亡的必然性凸显了寻找生命的意义。

毫无疑问，有些人会把在实验室里从化学反应中创造生命看作一种对“被禁止的知识”的解锁——在某种意义上试图“扮演上帝”。事实上，皮尤研究中心 2021 年 11 月的一项民意调查发现，只有 1/6 的美国人不相信来生，近 3/4 的美国成年人相信天堂的存在（这相当于相信生命的起源不仅仅是纯粹的化学过程）。我们认为调查生命起源在某种程度上并不是一种禁忌。强烈的好奇心一直驱使着人类试图破解大自然的奥秘，并回答许多“如何”“是什么”“为什么”的问题。当涉及生命——可以说是我们人类最珍贵的东西——时，认为我们不想找到它的起源，或者不想发现它是不是地球上独有的东西，这是不合理的。正如伽利略曾经说过的那样：“我觉得我们没有义务相信，给予我们感官、理性和智慧的上帝会希望我们放弃它们。”只有在我们利用所获得的知识做些什么的时候，我们才会明确地运用我们的伦理、道德和人道原则来决定什么是对的，什么是错的。

有些人甚至反对进行天文探索和寻找地外生命的尝试，他们认为这是一件危险的事情。同样，我们确实无法保证人类与另一种智慧生命可能会发展出何种关系，但人类的好奇心是无法遏制的，它将一直推动着人类做出远远超出其生存所需的努力。

圣埃克苏佩里在他的杰作《小王子》中描述了叙述者和小王子之间的一次鼓舞人心的对话，当时小王子即将返回他的母星/小行星。小王子说："所有的人都有星星，对不同的人来说，它们并不是相同的东西……但所有这些星星都是沉默的。你——只有你一个人——会拥有其他人都没有的星星。"叙述者不禁问道："你想说什么？"小王子回答说："我会生活在其中的一颗星星上。我会在其中一颗星星上笑……就好像所有的星星都在笑……你——只有你——会有一群会笑的星星！"想象一下，如果我们真的知道某个系外行星上有人居住，或者如果我们真正了解地球上的生命是如何产生的，我们会有什么感觉。

我们在我们的地球家园上开启了探索之旅。由于地球上的生命是我们迄今为止已知的唯一生命形式，化学家一直在尝试解决的第一个问题是，地球上的生物真的是从普通化学反应中产生的吗？或者，更具体地说，活的原细胞是由早期地球上存在的化学物质组装而成的吗？为了回答这个关键问题，研究前生命阶段的化学家必须首先确定能产生RNA和蛋白质构建块的化学途径。下一步的目标是显而易见的：建立一个可以经历达尔文进化的细胞系统。在接下来的四章里，我们将描述这些卓越的努力、它们的变迁和成功，以及必然发生的概念革命。其中将不可避免地涉及相当多的化学成分，我们意识到许多读者可能对这些生物化学知识有点儿"生疏"。然而，我们确实觉得，我们可以为感兴趣的读者——也许是第一次——提供一种崭新而详细的描述，讲述过去 20 年来该领域令人难以置信的进步和成就。我们认为，科学中最有趣的三个基本问题都与起源有关：宇宙的起源，生命的起源，以及思想或意识的起源。考虑到目前的研究工具和技术，在这三个问题中，生命的起源现在似乎是最容易解决的一个。

第 2 章

生命的起源：神秘的RNA世界

你知道人生……它就像开一个沙丁鱼罐头。

我们都在寻找起子。

艾伦·贝内特，《边缘之外》

当你试图寻找一条从年轻地球表面的化学物质到生命起源的路径时，你从一开始就会遇到许多问题。首先是我们在第 1 章提到的一个令人困惑的问题，即现代生物学的复杂性。在这个问题上，一切物质都以循环的方式深度依赖于其他物质。例如，回想一下，指定蛋白质如何组装的信息需要由DNA和RNA分子来编码，而制造DNA和RNA又需要用到蛋白质。这一复杂的特性将我们带到了典型的“先有鸡还是先有蛋”的因果关系困境。然而，还有第二个更为根本的问题：在没有酶和生物控制系统的指导下，是否存在一种使起始材料通过一系列步骤转化为需要的产物的化学途径。一些研究人员确实断言，多步化学合成在自然界中自发发生的概率极低。例如，宇宙学家和天体生物学家保罗·戴维斯就提出了以下基于概率的观点：假设生命的起源需要一个由 10 个重要且精确的化学步骤构成的特定序列（他假设，这里的“10 个”代表了真正需要的关键步骤数目的下限），再假设每个步骤发生的概率（在行星提供宜居条件期间）为 1%（同样，他认为这是一个乐观的数值），那么生命起源发生的复合概率将低得惊人——准确地说，只有千亿分之一。

多年来，这种困难一直被视为不可逾越的障碍。然而，令人印象深刻的是，相关研究人员现在认为，他们已经发现了大自然至少在原则上能够解决这些棘手问题的方法。在本章和随后的四章中，我们将关注近年来在理解生命起源方面取得的显著进展。这些简短的综述将不可避免地涉及一些通常与生物化学有关的名称拗口的化合物，以及一系列复杂的化学和物理过程。我们将努力专注于真正重要的发现和突破。我们还将努力强调必须转变的错误观念，以及消除这些障碍的巧妙办法。我们希望这种方法即便具有挑战性，也能让人们欣赏科学过程中所包含的逻辑、美、才华和耐心。

第一个问题涉及现代生物学的自我参照性质。它的解决方案是，假设存在一种截然不同的、极其简单的原始生物细胞，也可以叫原细胞。但这一假设本身除了提出了这种结构最初是如何存在的这个基本问题之外，还引发了一个新的困惑。研究人员必须了解这些原细胞是如何在缺少现代细胞具有的复杂机制下生长和分裂的。为了解决这一具体障碍，科学家又必须借用一个完备的“逆转假设”过程，来理解该主题的核心概念，可谓不破不立。这有点儿像近年来出租车行业发生的事情。如果你想创办一家新的出租车公司，你的第一个假设可能是出租车公司必须拥有汽车。但逆转假设是，出租车公司无须拥有任何汽车。如果是在20年前，这个最新的概念听起来可能是无稽之谈。但事实上，如今优步（Uber）和来福车（Lyft）成为有史以来最大的“出租车”公司。生命起源研究人员必须意识到的是，尽管现代细胞的内部生化机制可以指导生长和细胞分裂（并使细胞能够适应不断变化的行星环境），但最有可能的是，原始细胞的情况恰恰相反。也就是说，环境为原细胞提供了物质和能量方面的一切，也正是环境的涨落提供了有效控制细胞生长、分裂和复制的引擎。

为了更深入地了解原始细胞可能的起源和结构，我们必须考虑许多其他问题，包括地质条件和前生命（生命诞生前的）化学，以及这些细胞的本质和可能导致现代生命的进化事件。重要的是，我们不太可能同时回答所有这些问题，我们必须有这样的预判：在试图获得更全面的图像时，我们会遇到相当多的错误起点、盲点、弯路和挫折。以下只是我们需要回答的部分问题：启动细胞形成过程所需的关键起始材料是什么？最有可能为必要的化学反应提供动力的能源是什么？为第一批细胞建造一个舒适的家需要什么条件？也许更重要的是，生命的出现需要多少环境生态位？换言之，地球上的生命是否需要特定的环境来产生生命的基石，是否需要不同的环境来培育生命本身？

除了这些基本问题之外，还有许多其他问题，其中有一些较为具体。例如，尽管几十年前RNA世界——地球上自我复制的RNA分子主导生命过程的进化阶段——为生命史上一个较为简单的时代提供了一个有吸引力的视角，但它也引发了一系列问题和争议，而且其中有许多尚未解决。当然，关键问题在于，早期地球表面积累的成堆化学物质是如何产生最简单的RNA世界的细胞的。

其他层面也有谜题。例如，化学家约翰·萨瑟兰在英国医学研究理事会实验室进行的实验，以及其他同行的工作，让我们了解到很多关于可能产生RNA构建块（即核糖核苷酸分子单元）的化学途径的知识。但同样的实验也表明，其他密切相关的分子将不可避免地与RNA的初始材料一起被合成。在不受蛋白质酶（它在现代细胞中控制着所有物质的合成）约束的情形下，前生命化学理应产生更混乱的化学混合物。但为什么是RNA而不是某个“表亲”分子从这种混乱中产生呢？还有一个与此相关的重要问题是：在系外行星上，是否有除RNA之外的其他物质能成为生命的第一种遗传分子？或者说，就化学性质本身而言，是否有某种东西在某种程度上恰恰有利于RNA，因此宇宙中任何地方的生命都必然从同样的RNA化学开始？乍看之下，这些范围广泛的问题似乎都属于形而上学而非生物化学的领域，但最近的工作表明，从化学角度进行系统的探索可以提供令人信服的答案。

大约30年前，化学家莱斯利·奥格尔和杰拉尔德·乔伊斯提出了如何到达RNA世界这样一个对科学界构成挑战的问题。这似乎把人们从生命如何诞生于一团混沌的混合物这个问题（早期生命起源的研究试图通过实验来模拟这样的前生命化学过程）中解救了出来。这块绊脚石——如何从令人困惑的混乱过渡到我们在活细胞中观察到的同质的、控制良好的化学——多年来似乎很难移除，但最近的一系列令人惊讶的发现表明，解决方案可能相当简单，甚至微不足道（当然，这是后知后觉）。

事实证明，这个生命之谜（为什么是RNA而不是其他东西）的可能答案可以用一句意想不到的话来表达：因为RNA总是赢！这里可做一个简短的解释。我们把最初的物质想象成一锅由多种化学物质组成的混沌“汤”，其中有一些可用来制造RNA。想象一下，现在将这些化学物质溶解在年轻地球表面的水池中，让它们暴露于年轻太阳的强紫外线下。令人惊讶（或者说不可避免，具体是哪种情形取决于你的观点）的是，实验表明，RNA的构建块往往对紫外线照射最具抵抗力，而它们的许多表亲分子则遭到紫外线的破坏。这个事实无疑会对理解上述问题有所帮助，但我们仍然面临着相当复杂的局面。下一步需要将这些构建块连接成单链（聚合），实质就是产生短的单链遗传物质。虽然这一步骤尚未得到充分研究，但初步证据表明，有些分子能够比其他分子更快地组装成链。结果，反应性较低的分子剩了下来。最后，还有复制本身的化学性质问题，即在复制过程中，这些小链被再次复制，以产生更多的子代分子。本书作者之一绍斯塔克及其同事已经开始研究这一过程，系统地比较不同原材料所得的结果。目前的结果似乎表明，RNA是常胜将军。RNA的核苷酸分子总是比它们的竞争对手反应更快，因此RNA常被创造出来，而其他分子的构建速度则较慢或根本没有。我们可以将这三个阶段（第一，抵抗紫外辐射；第二，更快的聚合速度；第三，更有效的复制）看作一系列过滤器。当最初的混沌汤经过这些阶段时，它会逐渐被蒸馏，首先通过紫外线，然后通过链式组装，最后通过化学复制。结果就是，一种相对同质的RNA出现了，干干净净地准备接受构建RNA世界的命运。

这个关于RNA如何战胜竞争对手，成为生命起点并主导进化的故事并非没有批评者，也不是没有争议。事实上，人们对这一说法的各个方面都进行了热烈讨论。在众多的可能性中，是否只有RNA具备启动生命的正确特性，这是一个非常复杂的问题。在相当长的时间内，我们不太可能知道确切的答案。尽管对替代品的系统合成和检查无疑将排除RNA的许多表亲，但我们总想知道，是否还有其他与RNA一样符合条件而我们还没有考虑到的分子。什么样的事实（至少在原则上）能给我们一个答案？最有说服力的证据是在某个遥远的世界发现生命（这样我们就可以确定它是独立于地球上的生命进化而来的）。但即便如此，也无法立即给出答案。第一步是在其他行星上找到令人信服的生命迹象。如果真的有了这一发现，至少可以证明生命的起源并不难，不存在无法逾越的瓶颈。这一点将使我们意识到，可能确实存在着从化学到生命起源的相对简单的途径，其中每个步骤的成功概率都相当高。但即便如此，要搞清楚系外行星上的生命是否也始于RNA，仍然是一个巨大的挑战，除非有地外智慧生物愿意与我们交流。

从现代生命回顾过去：RNA世界

在本章开始时，我们描述了现代生命的复杂性如何成为一种概念上的障碍，多年来一直在阻碍我们对生命起源的理性思考。随后我们认识到，非常早期的生命必须非常简单，RNA作为存储信息的手段（尽管它不如DNA稳健）和第一种催化酶的分子基础（尽管它不像蛋白质酶那样是一种好的催化剂），在这两方面都发挥着核心作用，这为研究人员提供了新的见解，并突破性地实现了简化。20世纪60年代末，三位科学家率先意识到RNA世界的重要性，他们是卡尔·韦斯（以对生命进化树的研究而闻名）、弗朗西斯·克里克（以发现DNA结构而闻名）和莱斯利·奥格尔（前生命化学的真正先驱之一）。当时这三人都认为，RNA链可以折叠成复杂的三维形状，这意味着RNA可以像蛋白质那样充当催化化学反应的酶。这种推论令人震惊：如果RNA能够催化自身的合成，那么生命的起源可能只需归结为能自我复制的RNA或RNA复制酶（一种催化RNA复制的酶）的起源。不幸的是，当时科学界的注意力一直集中在揭开蛋白质酶的奥秘上，没有人在意RNA可以作为酶的想法，以至于这一生命起源的关键概念在随后的大约15年时间里都无人问津。

直到1982年，RNA分子可以充当酶的消息才像晴天霹雳一样震惊了科学界。那一年，两个科学家团队发现了隐藏在现代生物学的两个截然不同部分中的RNA酶。科罗拉多大学博尔德分校的生物化学家托马斯·切赫多年来一直在研究RNA剪接过程，RNA剪接本身就是一个有点儿令人困惑的过程。在这个过程中，细胞将储存在DNA中的信息复制到长链RNA中，然后神秘地将链的中间部分切割两次，再将链的末端重新连接在一起，从而将一部分链切除并丢弃。RNA剪接在生物学中很普遍，但在20世纪80年代初，人们尚不清楚它究竟是如何发生的，许多实验室都在竞相揭示其潜在机制。托马斯·切赫研究了嗜热四膜虫（Tetrahymena thermophila）这种神秘微生物的RNA剪接。嗜热四膜虫是一种纤毛虫门单细胞生物，通常在小池塘里游动。这种生物具有制造大量特定RNA的便利特性，然后它会以相当简单的方式进行剪接，这使其成为研究RNA剪接如何工作的理想系统。当时，人们普遍认为，剪接过程是由蛋白质酶催化完成的，就像细胞中所有其他已知的化学反应一样。切赫抱着这一假设，开始提纯负责RNA剪接的一种或多种蛋白质。他首先提纯未剪接的RNA，然后将其添加回细胞蛋白质，希望看到剪接过程的发生。然而令他沮丧的是，RNA已不具有剪接的活性。经过多次艰苦而不成功的努力，他最后得出结论，RNA一定是靠自身催化来完成剪接的。

不用说，科学界对这一结论持怀疑态度，他们坚持认为所有的酶都是蛋白质。批评者甚至声称切赫肯定没有去除他的RNA制剂中的催化蛋白。这种难以置信的反应激发了切赫以不同的方式重复他的实验。他不再从四膜虫细胞中获得未剪接的RNA（这一过程可能会导致其中混杂了人们一直在寻找的剪接酶），而是在试管中用DNA和一种可以将DNA转录成RNA的细菌酶来制造未剪接的RNA。他的发现令人惊讶：虽然以这种方式制备的RNA不可能含有任何剪接酶，但它仍然能剪接，完全靠自身！换句话说，以这种迂回的方式，人们通过提纯一种不存在的蛋白质，打开了一扇新的激动人心的生物学之窗——RNA酶（也叫作核酶）的发现。

这还没有结束。事情就是这么凑巧！在切赫试图提纯他的剪接酶却没有成功的当口，耶鲁大学分子生物学家西德尼·奥尔特曼正在和他的同事研究一种名为核糖核酸酶P（简称RNase P）的RNA加工酶。这种酶能以一种非常特殊的方式切割某些细胞的RNA。奥尔特曼发现，这种酶部分由RNA组成，部分由蛋白质组成。奥尔特曼最初同样假定其中的蛋白质组分做所有的实际工作，RNA组分则发挥辅助作用，也许是通过识别被蛋白质酶切割的RNA来发挥作用。在这个过程中，蛋白质被证明具有非常大的正电荷，这是讲得通的，因为它必须受到这种酶的带负电的RNA成分的束缚，而酶反过来又必须结合它要切割的带负电的RNA底物。这一发现（大的正电荷）使奥尔特曼得出了一个颠覆性的观点，即蛋白质可能是一个被动的旁观者，其作用只是通过中和大量负电荷来稳定RNA复合物。他推断，如果是这样，也许可以用完全不同的方式来提供正电荷。事实上，奥尔特曼及其同事发现，通过向RNase P的RNA中添加足够的镁离子（每个镁离子带两个正电荷），就可以在不添加任何蛋白质的情况下观察到酶的活性。正如科学中经常发生的那样，如果换成一系列小的自切割RNA，第二个实验同样成立，这进一步证明了RNA分子可以催化反应。

RNA分子可以充当酶的发现，彻底改变了人们对生命起源的思考方式。1989年，切赫和奥尔特曼被授予诺贝尔化学奖。他们的获奖凸显了这一发现的重要性。突然之间，克里克、奥格尔和韦斯关于RNA重要性的早期观点引发了广泛关注。有了这个简单的认识，人们就不再需要想象RNA和蛋白质一起出现的复杂方案。相反，我们可以设想一种更早期、更简单的生命形式，其中RNA分子扮演着双重角色：既是遗传信息的载体，又是关键细胞生化反应的催化剂。哈佛大学生物化学家沃尔特·吉尔伯特用简洁的流行语“RNA世界”概括了这种以RNA为主要分子参与者的前生命形式的想法。

在所有RNA世界假说的催化反应中，最重要的就是细胞RNA基因组的自我复制。我们可以想象这由一种假定的核酶（RNA酶）来完成，我们之前称之为RNA复制酶。这种近乎神奇的RNA是一种可以自我复制的特殊RNA序列，从而引发指数级复制，成为生命的标志之一。由于它在生命起源中的关键作用，世界各地的实验室都梦想着在实验室中合成RNA复制酶。

尽管核酶的发现对RNA世界假说的提出至关重要，但也有其他线索可以表明，在生命诞生的早期阶段，一切都以RNA为中心。其中一条线索来自细胞代谢的一个令人困惑的方面。长期以来这一现象一直被视为一个谜，但现在它已成为早期生命本质的关键证据。所有现代细胞几乎都使用蛋白质酶来催化细胞代谢相关的化学反应。然而，有数百种酶需要在其他物质的协助下才能完成其功能。就是说，它们需要某种较小的辅助因子的协助。有趣的是，许多（但不是全部）辅助因子都由两种成分组成，其中之一是帮助酶加速化学反应的化学物质；另一种是核苷酸，它是RNA的组成部分之一。为什么这么多不同的辅助因子都把一小段RNA作为其结构的一部分？这一事实难以理解，直到RNA世界假说提供了一种潜在的解释，这一局面才有所改观：这些令人困惑的分子可能是RNA世界的遗迹，在某种意义上可以说是“化石”。也许RNA在难以催化细胞代谢的时候，得到了较小辅助因子的化学促进，这些辅助因子可以通过额外的化学基团使RNA的化学库多样化。如果将这些辅助因子连接到

RNA链的始端或末端，它们将更易于协助催化反应的发生。人们可以想象，在生命进化的后期，随着时间的推移，核酶一点儿一点儿地被蛋白质酶取代，RNA成分逐渐减少，蛋白质成分逐渐增加，直到剩下的RNA及其辅助因子变成我们今天看到的样子：一种看起来很奇怪的辅助因子，一半像弹头，一半像RNA。

现代细胞中暗含着关于其遥远过去的更多印记，其中一项指标现在被看作RNA世界的“确凿证据”。为了理解这一重要指标，我们必须研究所有现有活细胞内蛋白质的产生方式。虽然这个过程本身相当复杂，但关键是不要迷失在细节中，而是要理解问题的症结所在。

让我们先了解一下用于指导特定蛋白质合成的信息是如何传输和解码的。蛋白质的产生始于转录（从DNA到RNA），以及持续的翻译（从RNA到蛋白质）。信息存储在DNA（细胞或某些病毒的RNA）的特定碱基序列中。也就是说，DNA的每个构建块（核苷酸）都包含4个含氮化学碱基中的1个（其名称通常由缩写字母A、T、C和G来表示），并且创建给定蛋白质所需的遗传指令的编码就包含在序列中这4个字母的特定顺序中。在DNA的双螺旋结构中，C总是与G配对，A总是与T配对，从而形成类似梯子横档这样的结构。基因表达的第一步是将这种编码信息转录成RNA单链分子，它被称为信使RNA（mRNA）。当DNA转录成mRNA后，mRNA中就将包含编码特定蛋白质的碱基序列，但这个mRNA序列必须先被解码，才能被翻译成氨基酸序列，即蛋白质链中的构建块。例如，DNA序列GCT产生编码氨基酸丙氨酸的mRNA序列；遗传密码将3个核苷酸序列与20个氨基酸中的1个联系起来。整个过程包含其他RNA（如果你仔细想想，这本身就证明了RNA的核心作用），其中最大的

RNA是核糖体的RNA成分。核糖体是一种分子机器，负责地球上所有生物体每个细胞中所有被编码蛋白质的合成。核糖体是一个具有极其久远的进化历史的巨大分子装置。不同生物体的核糖体具有密切相关的结构，它们的核糖体RNA也是相关的，可追溯至同一个起源。

但是，为什么核糖体拥有这些大型RNA成分呢？多年来，核糖体RNA（rRNA）被看作一种支架，其工作是组织和定位构成核糖体结构的其余部分的大量蛋白质（就像RNase P的RNA成分最初被视为被动支持物一样）。随着我们对核糖体的生物化学和结构的进一步理解，这种观点逐渐发生改变。这里说说核糖体是如何解码mRNA中的信息以指导蛋白质合成的。核糖体有两个“半部”，一个“小半部”和一个“大半部”，分别被称为小亚基和大亚基。解码过程由小亚基完成。它以一种特殊的方式保存mRNA，使其扭结在最后一个被翻译的遗传密码单元（被称为密码子）与下一个待翻译的遗传密码单元之间。这种扭结使得两个密码子能够被tRNA识别。这些小RNA分子充当适配器，将密码子与互补的核苷酸序列结合。最终，这种分子识别将正确的tRNA以正确的顺序聚集在一起。在远离这个位点的地方，氨基酸被连接到tRNA分子的末端。这样一来，这些氨基酸就会连接在一起。在“大半部”（核糖体的大亚基）的中心，这些氨基酸紧密结合在一起，参与正向的催化反应。这是最终制造蛋白质的真正的“酶”。值得注意的是，这个位点完全由RNA组成。也就是说，“酶”实际上是一种RNA酶。用耶鲁大学生物化学家托马斯·施泰茨的话来说：“核糖体就是一种核酶。”

你可能发现这些陌生的生化步骤有点儿令人眼花缭乱，但你只需记住简单的一点：核糖体的RNA成分不只是被动的旁观者，事实上，它们正是催化我们所有蛋白质合成的分子！这些惊人发现的意义是显而易见的：由于RNA制造蛋白质，因此RNA一定是第一位的。这是“确凿的证据”，它证实了RNA世界假说，即在进化出现代合成方法之前，存在一个更早期的、更简单的时代，这时候的酶由RNA组成。

现代细胞代谢的另外两个方面也支持RNA在远古时代占据首要地位的观点。在所有现代细胞中，基因组信息都保存在DNA中。令人惊讶的是，在没有明显原因的情况下，DNA的构建块（脱氧核苷酸）是通过修饰核糖核苷酸（RNA的构建块）在细胞中合成的。为什么会这样？一个引人注意的解释是，原始细胞不含DNA，因此只需要制造核糖核苷酸来合成RNA。后来，随着细胞进化到使用DNA，制造DNA的最简单方法可能是将核糖核苷酸转化为脱氧核苷酸。

最后，RNA在所有现代细胞中发挥多种作用，仅这一点本身就为RNA的原始起源和最初的主导地位提供了间接证据。例如，在细菌中，作为核糖开关的RNA负责调节许多代谢活动，而在真核生物（细胞中含有核的生物，人类就属于这一类）中，其他类型的非编码RNA负责调节基因表达（基因中编码的信息转化为功能的过程）。也就是说，调节性RNA可以控制特定细胞中基因的表达，进而决定细胞的功能。这是通过控制mRNA的稳定性及其翻译能力来实现的。同样，对RNA的多重作用的最简单解释是，生命是以RNA为遗传物质发育的，它还利用RNA来进行催化和调节活动。后来，随着生命的进化，RNA在信息存储中的作用被DNA取代，DNA是一种具有更高化学稳定性的分子，其抗干扰性使其成为存储有价值信息的更好选择。同样，RNA在催化化学反应中的作用在很大程度上被蛋白质酶所取代，蛋白质酶是更有效的催化剂，因为它们具有更大的化学基团多样性。

我们现在已经意识到RNA是生命起源的关键，并掌握了证实RNA世界假说的令人信服的证据，这为我们理解生命出现的下一步做好了准备：探索RNA构建块的化学产生过程是否存在自然途径。

第 3 章

生命的起源：从化学到生物学

提出新的问题、新的可能性，从新的角度看待旧问题，需要创造性的想象力，这也标志着科学的真正进步。

阿尔伯特 · 爱因斯坦与利奥波德 · 英费尔德，《物理学的进化》

科学的乐趣不在于发现事实，而在于发现思考事实的新方法。

劳伦斯 · 布拉格爵士，《科学简史》

我们需要转变原有的思考方式，从考虑现代生命的复杂性到考虑原始生命（以RNA作为其唯一的生物多聚体）的简单性。但这仍然给我们留下了一个不容忽视的问题，即早期地球表面杂乱的化学物质是如何演化成具有组织结构的活细胞的。我们甚至对这个问题是否可以解决都不能确定。有些人可能会说，这根本不算严谨的科学探究主题，因为我们无法回到过去观察那时真正发生的事情，也就没有任何假设可以真正得到检验。但这些反对意见过于悲观了，因为我们能创建可证伪的假设情景。也就是说，所提出的途径必须在化学上是可实现的，在合理的地质环境条件下是可行的，而且由丰富的原料和能源条件转变为构建简单细胞所需的更复杂化学物质的过程是自洽的。我们可以排除那些退化成数百万种化合物的混合物，或者最终形成无用且难处理的聚合物（如油母质或焦油）的轨迹和过程，并将注意力转移到其他地方。鉴于化学结构和反应的相对复杂性，在下文中，我们将列出少量的化学分子结构图，希望这些图有助于你看清分子的重排和过程。在本章末尾，我们添加了一个附录，以帮助你理解这些图。

关键问题是，我们能否追踪到从简单的原料到生物学意义上的化合物的产生路径。首先，我们必须确定必要的原料和能源，但我们也要知道应去往哪里，也就是说，我们需要什么条件来开启生物学。地球上构成生命的关键化合物主要由碳、氮、氧和氢组成，磷和硫的占比较小。由于氢在宇宙和化学中无处不在，因此我们不会特别担心氢（在化学分子结构图中，我们甚至没有展示大多数氢原子——请参阅附录）。

正如我们所说，为了构建RNA（这是形成第一批细胞所必需的），我们需要制造它的构建块——核苷酸（它本身就是非常复杂的化合物）。核苷酸由三部分组成：一个核碱基（携带信息的化学单位），一个糖（RNA中的核糖），一个磷酸基团（将核苷酸连接在一起形成链）。

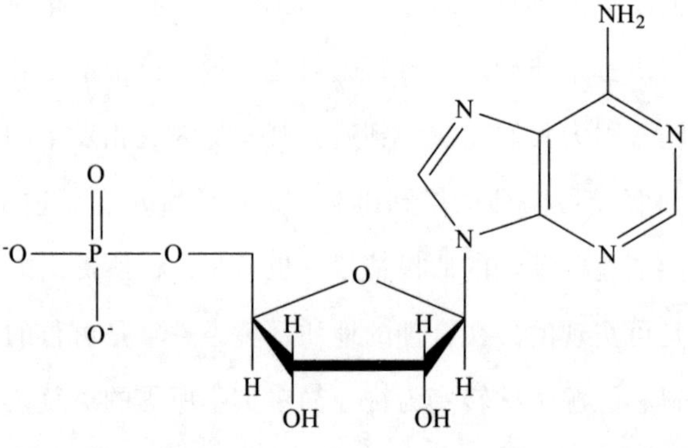

图 3–1 核苷酸 5′–AMP，右边是腺嘌呤核碱基，中间是核糖，左边是磷酸盐

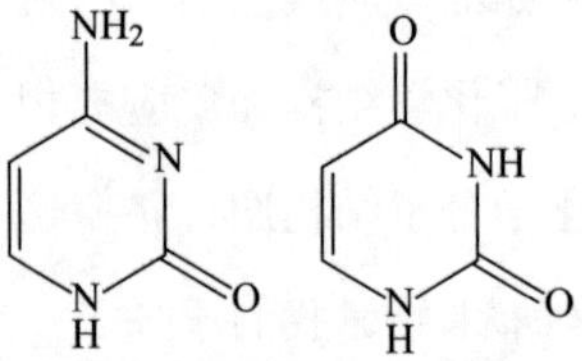

胞嘧啶 尿嘧啶

图 3–2 嘧啶核碱基

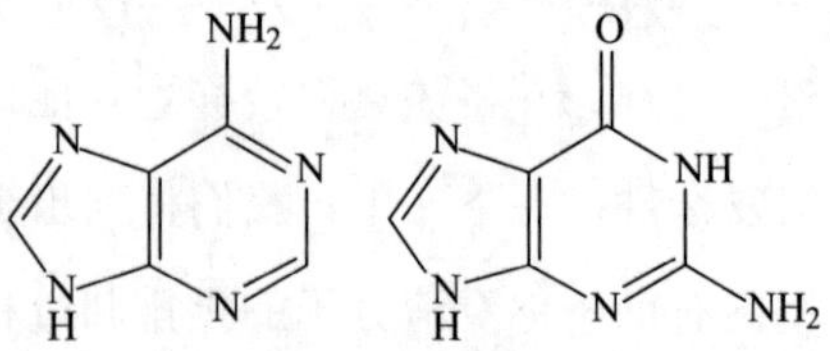

腺嘌呤 鸟嘌呤

图 3–3 嘌呤核碱基

RNA中有4个核碱基，分别由缩写字母（各自名字的首字母）A、G、C和U表示，它们由碳、氮和氧组成（正如我们所见，DNA中的T被RNA中的U代替）。糖由碳和氧组成，磷酸基团由磷和氧组成。为了生产核碱基，原材料应同时含有碳和氮。事实上，50多年前人们就认识到，腺嘌呤（核碱基缩写为A）是5个剧毒且易燃的氰化氢（化学式HCN）分子以一种非常独特的方式结合在一起的产物。在1959年至1962年期间科学家做了一系列经典实验，其中，休斯敦大学生物化学家乔安·奥罗（Joan Oró）非常小心地煮沸了一锅氰化氢溶液，从中获得了腺嘌呤等化合物。

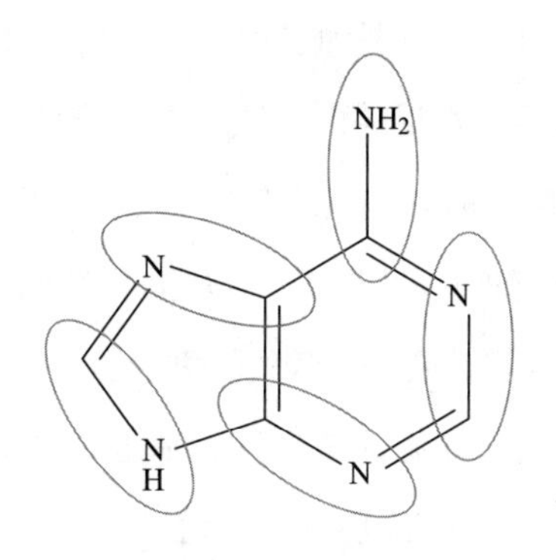

图 3–4　腺嘌呤结构

在图3–4的腺嘌呤结构中，碳和氮原子对被封闭在椭圆形中，每一对代表一个氰化物单元。这些实验让人们变得更加乐观，使人们相信很快就能找到所有剩余核碱基和相应核苷酸的简单途径。可惜事实并非如此。在旨在产生A和G（嘌呤碱基）的实验中，人们只获得了痕量的G以及许多其他不属于RNA组分的相关化合物。剩下的两个核碱基C和U似乎较为容易处理，因为U可以通过与水反应从C中获得。值得注意的是，核碱基C可以通过两种较为简单的化合物反应获得，这两种化合物在早期地球的局部环境中可能都以相当高的浓度存在。第一种是尿素，它是现代生物学中常见的代谢产物，是实验室中制造的第一种有机化合物。回想一下，在 19 世纪 20 年代末，德国化学家弗里德里希 · 维勒通过加热氰酸铵（一种氰化物的衍生物）制备了尿素。有趣的是，尿素也是另一种氰化物的衍生物氰胺与水反应的产物，而氰胺可以通过多种方式产生。例如，氰胺可以在富含氢气并暴露在紫外线下的还原性气氛（缺乏氧气和其他氧化性气体的气氛）中产生。（这种化合物在土星的卫星土卫六的大气层中被检测到，正如我们将在第 8 章看到的，土卫六是寻找潜在地外生命的目标之一。）制造C所需的另一种原料是一种更复杂的名为氰乙醛的化合物，它是氰乙炔（又一种在土卫六大气中被检测到的有机化合物）与水反应的产物。在适当的实验室条件下，非常浓的尿素和氰乙醛能够有效地结合产生C核碱基，正如莱斯利 · 奥格尔和斯坦利 · 米勒在 20 世纪 70 年代所表明的那样（尽管这两位化学家就这种合成的合理性展开了激烈的争论）。

在这一点上，生命起源的图景看起来很有希望，因为在前生命条件下，生物学的关键核碱基似乎（相对）容易制造。不幸的是，对下一步的仔细检查却发现了意想不到的困难。关键在于，仅仅拥有核碱基是不够的，因为它们必须与核糖连接才能制造RNA，而事实证明，这种特殊的反应根本不起作用。在生物学中，这种反应是由酶催化的，这个过程使用了在特定位置上与磷酸基团连接的核糖。在已知的前生命化学中，这些要求似乎都不合理。事实上，令人沮丧的是，即使只是制造糖（核糖），也会带来严重的问题。

起初，制造核糖看起来很简单，因为它可以通过加热含有简单有机化合物甲醛（CH_2O，被认为在早期地球大气中含量丰富）和一点点氢氧化钙（通常被称为熟石灰）的水来产生。

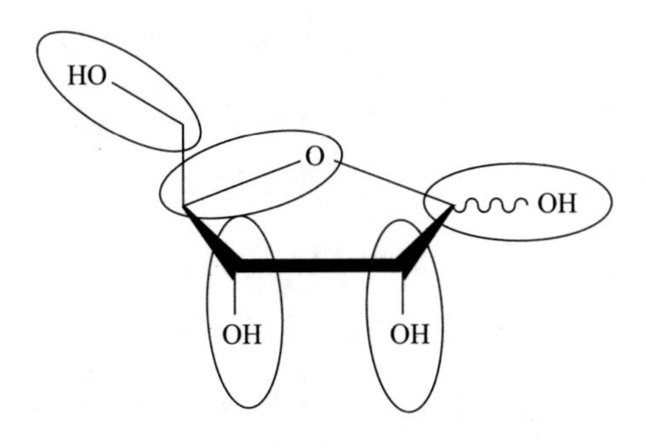

图 3–5　核糖，由 5 个甲醛单元连接而成

这个过程会导致一系列复杂的反应，叫作甲醛合成，本质上将有毒的甲醛转化为有甜味的糖。奇怪的是，就像腺嘌呤可以由 5 个氰化物分子组成一样，核糖也是由 5 个甲醛单元组装成一个环。在图 3–5 中，每个椭圆形内都包含一对由一个甲醛单元衍生出且连接在一起的碳原子和氧原子。这听起来很有希望，只是构建RNA所需的核糖通常不到所形成的糖的复杂混合物的 1%。此外，接下来的反应还会产生许多混乱的产物，最终将一切变成无用的焦油。但不管怎么说，由于其简单性，特别是由于其自催化性质（即反应由其产物中的一种催化），人们一直在研究通过甲醛反应从丰富的原料中制造糖的简单方法。为了“驯服”甲醛反应，人们探索了多种方法，比如在有硼酸盐的条件下进行实验。虽然硼酸盐在某些地质环境中是一种常见的矿物，但它在前生命情景中的相关性仍然不确定。此外，尽管硼酸盐确实简化了甲醛反应所产生的产物，但反应网络仍很复杂，并产生了许多种糖。人们尝试了一种有趣的新方法，做了下述实验：在有其他可能的原料分子（如氰化物和氰胺）的情况下进行甲醛反应。因此，就目前而言，我们可以暂且把甲醛反应放在一边，同时记住它是糖的另一种潜在来源。

正如我们在其他情况下多次看到的那样，找到如何合成核苷酸这一复杂问题的解决方案，需要一场概念上的革命。而在这个特定问题上，则需要几次这样的革命。阻碍进步的主要是心理障碍，因为我们总是本能地认为核苷酸的化学结构分为三个部分：核碱基（碳和氮），糖（碳和氧），磷酸盐（磷和氧）。因此，对化学家来说，他们会很自然地想象这些成分是分开制造的，然后逐步组合：先产生核苷（核碱基+糖），再产生核苷酸（最后再添加磷酸盐）。在实践中，在存在甲醛的情形下进行氰化物化学反应会合成一种名为氰醇（由氰化物与甲醛快速反应形成）的产物。而长期以来，这种产物都被认为是无用的终产物。这种直观的假设与正确但有误导性的化学反应组合在一起，在几十年的时间里阻碍了研究的进一步深入。

克服这一障碍的第一次尝试极具创造性，尽管最初似乎并不特别鼓舞人心。那就是打破分别制造核碱基和糖（然后将它们结合起来制造核苷）的概念。相反，新的想法是制造一种早期的中间体化合物，这种化合物随后可以转化为珍贵的核苷。奥格尔朝着这个方向迈出了第一步。他证明，核糖与氰胺的反应非常干净。氰胺是氰化物的近亲，我们在讨论核碱基胞嘧啶（或C）的可能前体时曾提过它。值得注意的是，氰胺与核糖的反应形成了一种美丽的晶体化合物，它有个有点儿笨拙的名字，叫作核糖氨基恶唑啉，简称RAO。RAO从反应混合物中结晶而出这一事实为这种方法提供了一个惊人的优势，因为人们可以想象RAO的储层会随着时间的推移缓慢积累，副产物会被冲走，从而形成一个自然的纯化过程。这种建立纯化中间体化合物储库的方案大大降低了产生复杂化合物（如核苷酸）的难度（其中一系列反应必须按规定顺序发生）。正如我们将看到的，这种过程在前生命化学中一次又一次地发生，它是支持前生命合成生物学构建块合理性的关键概念之一。

这里暂且不谈用核糖制备RAO的问题。现在的关键在于，我们如何将RAO转化为所需的核苷。事实证明，两个简单的步骤可以让我们接近核苷C。但仍然存在一个问题，因为我们获得的C的版本与生物学中C的形式并不完全相同。在由RAO制成的C中，C核碱基从糖环指向下，而不是指向上。从理论上讲，生物学版本被称为β–异头物（一种异构体——原子相同但结构不同），而从RAO获得的版本则被称为α–异头物。我们能解决这个问题吗？暴露在紫外线下确实会导致少量C的生物形式发生转化，但产出非常低，仅为4%左右。在这一点上我们可以看到，这种制造C的假设途径至少存在两个主要障碍：第一，在没有纯化和储存这种不稳定糖的方法的情况下，从纯核糖开始合成RAO是不现实的；第二，我们最终得到的是错误版本的C异头物，我们无法将α–异头物转化为实验所需的β–异头物。这个问题存在了大约20年，直到20世纪90年代初，英国化学家约翰·萨瑟兰决定重新思考核苷酸合成的整个过程，局面才有所改观。

15年来萨瑟兰及其团队发表了一系列论文，慢慢逼近解决方案。最终，他们在2009年发表了一篇论文，标志着前生命化学研究的真正转折点。首先，萨瑟兰推迟了合成的起始阶段，因此可以使用比核糖更简单的原料。

在他们实验的初始步骤中，萨瑟兰及其团队让最简单的糖（乙醇醛，这种糖只有两个碳原子）与氰胺（与上述制造RAO相同的氰化物）进行反应。这两种化合物相互反应，形成简单的环状分子2–氨基恶唑，简称为2AO。这一步的优势是创建了一个新的碳氮键，这个键在反应过程末端将糖连接到核碱基上（以产生所需的构建单

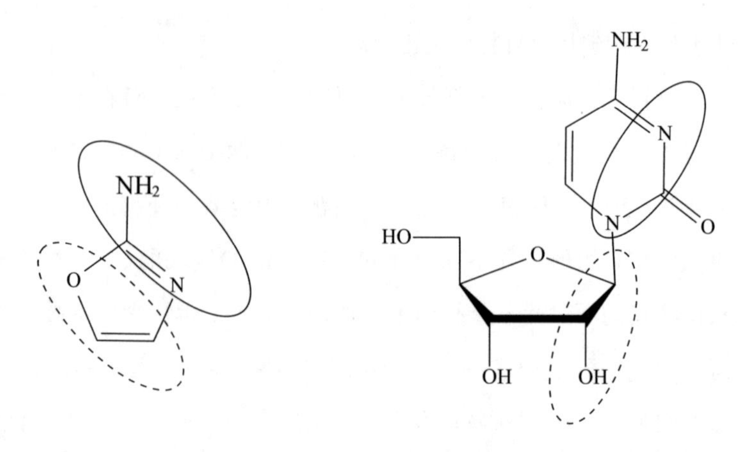

图 3–6　2AO（左）和核苷C（右）之间的关系。2AO的原子成为C的核糖的一部分，如虚线椭圆所示。2AO的原子成为C的核碱基的一部分，如实心椭圆所示

元——核苷）。重要的是，以前通过糖与核碱基的直接反应无法形成的碳氮键现在正好在反应开始时形成。化合物2AO实际上已经众所周知，因此搞清楚为什么它以前没有被认为是制造C核碱基的良好中间体这一点是很有趣的。这与有机化学的历史传统有关。在有机化学中，反应往往被孤立地考虑。当单糖乙醇醛和氰胺混合并单独反应时，产生的2AO很少，大部分物质最终会变成复杂的焦油状混合物。然而，在考虑了反应机理的细节后，萨瑟兰得出结论，这个问题可以通过加入一种缓冲液来解决，以使反应的酸度大致保持恒定；也可以通过一种常见的催化剂来解决，这种催化剂有助于搅乱周围的质子。磷酸盐恰好非常胜任这两项工作。而且至关重要的是，我们还知道前生命化学必须用到磷酸盐，因为它是核苷酸和RNA结构的一部分。因此，萨瑟兰团队将磷酸盐添加到他们的反应混合物中。以前只产生微量产物的反应现在变得高度特异化和高效。这种向反应中添加另一种成分的简单步骤——即使添加成分不出现在最终产物中——成为系统化学的标志性范例之一，即使用那些必须存

在的材料（就像磷酸盐必须存在一样，因为它是核苷酸和RNA的一部分）。我们应当强调的一点是，这一步骤一点儿也不明显，因为当时普遍认为，磷酸盐在钙矿物磷灰石存在的情况下会沉淀，所以磷酸盐只能以痕量的浓度存在。采用高浓度的磷酸盐是一种认识上的飞跃，尽管它本身也带来了另一个问题，即磷酸盐问题。这里暂且不谈。但我们仍需面对这样一个事实：2AO是一种非常小而简单的分子，似乎与我们最终的研究目标C核苷相去甚远。

事实证明，从第一个中间体2AO进展到下一个中间体RAO，一方面很简单，但另一方面也引出了新的问题。好消息是，2AO与一种关键的三碳糖（甘油醛）迅速反应，产生RAO。与以前一样，反应产物中可以结晶出RAO，这是一个非常自然的纯化过程。坏消息是，反应还生成了一种名为AAO的主要副产物。如何看待这种产物目前仍没有定论。但要完成2AO与甘油醛反应这一步需要认识上的第二次飞跃，因为它带来了这种三碳糖本身如何合成的新问题，以及更难的问题——如何在第一步中使用二碳糖（并且只有二碳糖），在第二步中使用三碳糖（此时只有三碳糖）。更糟糕的是，相关的三碳糖是不稳定的，它会较快地转化为不产生RAO的原子构型（异构体）。最后，我们再次停滞在RAO阶段，正如我们之前所发现的那样，它的转化产物是错误（非生物）版本的C。

那么，我们是否会像以前那样陷入死胡同呢？也不完全是，因为萨瑟兰还有一张牌要打。他把注意力转移到2AO与甘油醛反应的另一种产物上，即副产物AAO。这种化合物在过去被忽视了，因为它涉及一种糖，虽然这种糖是核糖的近亲，但它们的差异非常大，前者无法形成像RNA这样的遗传聚合物。这种糖叫作阿拉伯糖，它与核糖的不同之处仅在于它与2′-碳的氧原子的连接处在糖环的上方，而不是像核糖那样在糖环的下方。对于这个问题，为什么萨瑟兰此时决定选择AAO而不是RAO？在此磷酸盐再次起到了救场作用。因为在AAO与氰乙炔反应（构建核碱基C的步骤）后，萨瑟兰能让磷酸盐附着在糖上，让磷酸盐攻击相邻的碳原子，并在一个神奇的步骤中产生适当的C核苷（该反应的示意图见本章附录）。这一关键步骤背后的原理是分子内反应性原理。这是一种花哨的说法，简单来说就是，如果两个化学基团靠得很近，它们就更有可能相互反应。

因此，有趣的是，在萨瑟兰及其团队2009年发表的开创性论文中，我们看到了三个重要概念：系统化学（使用磷酸盐制造2AO），分子内反应性（磷酸盐攻击隔壁原子），明智地将未解决的问题（如甘油醛的来源和添加时机）推迟到以后。现在让我们重新考虑这一系列被推迟的问题，看看自那篇突破性的论文发表以来，通往RNA关键构建块的途径是如何逐渐简化的。我们的眼前将慢慢浮现一幅展示这一系列复杂的化学反应是如何在早期地球上真实发生的画面。

从实验室到大自然

研究人员一直面临的重要问题是，如何将一系列化学反应从实验室的演示转变为与早期地球条件相关的过程。在实验室里，化学反应通常一次检查一项，中间体在进行下一步之前被纯化。在实验室条件下，有许多复杂的方法来纯化化合物，但问题是在自然界中是否存在类似的方法。幸运的是，稍加思索我们就会明白，在地质学中，纯矿物的沉淀或结晶是常见的，甚至是普遍现象。从普通石英到稀有矿物，去任何自然历史博物馆都可以看到美丽的晶体。但在现代地球上，有机化合物的晶体却极为罕见。其中原因（至少部分原因）是，有机化合物作为微生物的食物，往往会被细菌和真菌迅速消耗掉。此外，现代世界的自然化学条件与早期地球环境下的完全不同。对于这一点，我们不妨想想今天富含氧气的大气层，并将其与年轻地球的无氧条件做一下对比就能明白。那么，我们能否这样设想：某些关键化合物可能沉淀（以固体形式沉积）或结晶出来，有效地建立起纯化物质的储存库，并随着时间的推移而积累，在地下水过滤结晶体时通过冲走杂质被纯化？事实上，有几种非常有趣的化合物可能正是以这种方式产生的。我们现在来考虑这个问题：从最简单的（氰化物）开始，逐步进展到最复杂的（RAO）。

长期以来，氰化物一直被认为是生物分子前生命合成最有可能的原料之一，因此让我们仔细看看氰化物是如何制备并以（适用于合成反应的）浓缩形式储存的。氰化物之所以有如此强大的本领，是因为它有以下特性：在连接其碳原子和氮原子的三键中储存了大量能量。从某种意义上说，这意味着氰化物已经准备好与其他分子反应，而这些反应在能量上是向下进行的，这样就避免了必须向系统注入更多能量以驱动所需反应的复杂性问题。然而，同样的性质也会带来问题，因为氰化物会与水反应（尽管反应缓慢）。这种水解反应（水对化合物的化学分解）将珍贵的氰化物降解成一种反应性较低的产物，叫作甲酰胺。尽管甲酰胺本身很有趣（它在中等温度下是液体，并且非常擅长溶解一些几乎不溶于水的分子），但作为合成构建块的用处不大。此外，甲酰胺也与水缓慢反应，生成氨和甲酸。于是，问题变成了如何避免水对氰化物的破坏。这确实是一个令人困扰的问题，因为氰化物很可能是在大气中形成的，而大气中的氰化物浓度相当低。大气中的氰化物在溶于雨滴后会被带到地表，但含有氰化物的雨水会再次以非常稀的水溶液形式存在。多年来，人们认为这种稀释且溶解了的氰化物由于其不可避免的水解反应而一无是处。

正如经常发生的情况一样，我们只需利用化学领域的常识就能解决氰化物问题，但没有人将这种智慧应用于解决前生命化学中的这一关键问题。

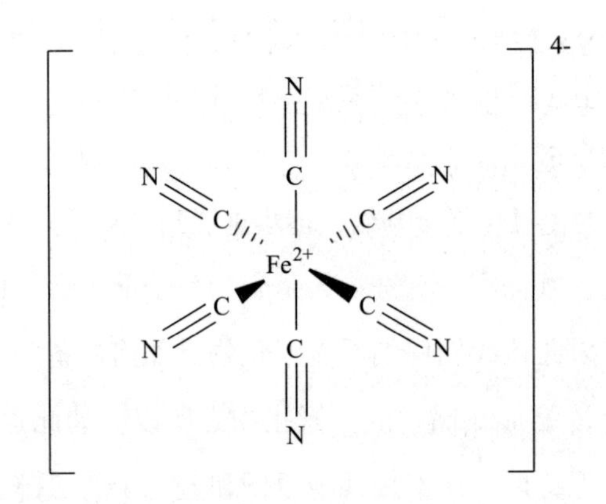

图 3–7　亚铁氰化物

解决浓缩氰化物这一明显困境的办法是，让溶解的氰化物与某些金属离子进行极其强烈和快速的相互作用。这方面最值得注意的是，溶解的亚铁（一种失去了两个最弱结合电子的铁原子）与氰化物反应可以生成一个由一个铁原子和环绕它的 6 个氰化物构成的络合物（见图 3–7）。这种亚铁氰化物非常稳定，重要的是它可以在各种条件下从溶液中沉淀出来。例如，普鲁士蓝是一种高度不溶的铁氰化物（络合物），很容易形成和沉淀。此外，亚铁氰化物盐也会沉淀，比如溶液蒸发时。华盛顿大学的行星科学家乔纳森·托纳和戴维·卡特林通过详细计算表明，亚铁氰化物盐可以在碱性的碳酸盐湖中积累和沉淀。这种碳酸盐湖类似现代地球上的一类湖泊，如加利福尼亚州的莫诺湖和加拿大的拉斯特阡斯湖。溶解铁的来源也不再是谜。在火山地区或陨石撞击坑周围，热水在地壳断裂的岩石缝中循环，从岩石中浸出的金属离子就包括铁。当地下水被加热（例如被下面的热岩浆加热）时，它会上升到地表，将溶于其中的金属离子带到湖泊和池塘中。在那里，地壳中的铁可以与地球大气中的氰化物结合，形成亚铁氰化物的络合物，再积累数千年。超过一定浓度后，亚铁氰化物盐开始沉淀，或者浅水湖时常干涸——这两个过程都会留下一层混有亚铁氰化物盐的沉积物。通过这种方式，巨大的铁络合氰化物储层便可以在早期地球表面非常常见的地热活动区域积聚并长期储存。

但这仍然给我们留下了一个问题：如何将一层厚厚的干燥亚铁氰化物与泥土混合，将其转化为合成生物学构建块所需的反应性化学物质的浓缩混合物。同样，答案就藏在最常规的地质过程中——材料在高压和高温下的转变。例如，这种变质转变将柔软的白垩质碳酸钙沉淀物变成雕塑家最喜爱的美丽岩石——大理石。什么样的工艺可以将无活性的亚铁氰化物转变为我们所需的活性原料呢？这里有两种明显的可能性。一是熔岩流，这在火山活动区域几乎是不可避免的；二是小行星撞击，这在早期地球上几乎也是不可避免的。流过富含亚铁氰化物沉积物的熔岩会对这些沉积物进行蒸发、焙烧和烘烤，使有价值的氰化物脱离铁的束缚，进而使其中一些氰化物转化为相关的活性物质，如氰胺。同样，中等大小的小行星撞击也会为相同的化学转化提供必要的热量和压力。有趣的是，大多数关于亚铁氰化物盐热转化的科学文献都是在 100 多年前发表的！只是直到最近，人们才认识到亚铁氰化物与前生命化学之间的潜在相关性。到了这个过程的后期，在热熔岩凝固和冷却后，地下水开始缓慢渗透到下面的沉积物中，带走氰化物、氰胺和其他氰化物衍生物的高浓度混合物。

在对上述出现的情形总结后，我们设想的步骤如下：第一，稀释的氰化物随雨水降落；第二，它们以亚铁氰化物的形式被铁捕获，而铁是由碎裂岩石缝中的循环水带到地表的；第三，亚铁氰化物积聚在沉积物层中；第四，在稍后的某个时刻，这些富含氰化物的沉积物受到熔岩流或陨石撞击的热处理；最终，这些反应性原料分子和剩余亚铁氰化物的浓缩混合物跟随循环地下水释出并流走。

光和硫降临

为了了解接下来会发生什么，我们必须再次考虑所有这些前生命化学反应所发生的行星背景。随着富含活性碳氮化合物的地下水从黑暗的地下涌出，汇入清泉和溪流，流入浅浅的湖泊和池塘，它将首次暴露在阳光下。释放到早期地球上的太阳辐射是一种巨大的能源，其能量足以驱动各种化学转化。其中有些反应很简单，有些反应很复杂；有些是建设性的，有些是破坏性的。我们如何判断紫外辐射是有益还是有害？它是驱动富有成效的合成过程，还是摧毁一切有用的东西？弄清楚这一点并不容易，需要将实验测量与理论建模结合起来才能有所收获。毫不奇怪，这项正在进行的调查吸引了许多科学家。同样，从迄今为止得到的结果中，我们可以总结出一些重要的趋势和教训。其中最重要的特性也许是紫外光子的能量。高能紫外辐射（波长短，接近X射线）往往是最具破坏性的，因为每个光子都携带了足够的能量，可以将分子分解成更小的碎片。相比之下，能量低的紫外光（波长较长，接近可见光）的光子则没有足够的能量去破坏化学键，因此它们对化学的影响较小。在中等范围内，事情变得有趣起来，因为这些中等波长的紫外光子可以破坏某些化学键，但不是所有。因此，有些化合物将被破坏，有些化合物将被改变，还有一些化合物将不受影响，其方式复杂且不可预测，具体取决于紫外光子的精确光谱、辐射强度和化学环境的情况。鉴于所有这些警告，我们必须仔细研究紫外辐射的力量是如何（甚至是否）导致早期地球上有用的化合物合成的。

紫外线照射最简单、最有效的结果之一已经得到了深入研究，即一个紫外光子被亚铁氰化物的复合物吸收的过程。结果是，复合物中的铁原子被激发到较高的能态，原子中的一个电子被电离出来。这个电子最初以高速射出，但在与许多水分子碰撞后，它会减速，最终——实际上是在几纳秒（一纳秒等于十亿分之一秒）后——被水分子的外壳包围。这种“水合电子”相对稳定，因为它通常会持续几百万分之一秒，然后被其他分子吸收。如果水中含有溶解的氰化物，电子就会附着在氰化物上，引发一系列反应，最终将氰化物转化为甲醛和氨。你可能已经注意到，出于尚不完全清楚的原因，生命诞生前的化学反应似乎是由我们今天认定为有毒的化学物质主导的，这一点颇为奇怪。初始光化学过程产生的甲醛与附近的氰化物分子反应非常迅速，产生一种简单的氰醇。几十年来，这种分子被认为是一种无用的终产物，因为它相对稳定且不易发生反应。因此，人们认为应不惜一切代价阻止其形成，以免消耗有价值的氰化物并将其转化为无用的垃圾。

另一方面，萨瑟兰团队表明，这种氰醇分子像氰化物一样，它的CN基团也可以吸收水合电子。然后，它会经历一系列类似的反应，但这次是被转化为最简单的糖，即我们之前试图产生2AO时遇到的二碳乙醇醛。总的来说，最简单的一碳醛（醛是一种碳与氧共享双键的有机化合物）——有毒性的甲醛——已经转化为二碳糖。这种简单的糖本身就是组装更复杂分子（包括更大的糖）的有用构建块。事实上，将甲醛转化为二碳糖的一系列反应可以重复进行，通过与另一个氰化物分子发生反应，二碳糖转化为三碳糖甘油醛，这有助于我们更早地将2AO转化为RAO。

但我们不要被化合物的复杂名称分散了注意力。我们描述的反应是一个非常引人注目的发现，原因有几个。首先，这种三碳糖是现代生物学中的核心代谢产物，是葡萄糖代谢成更小片段过程中的关键分子之一，正是这种代谢提供了驱动细胞过程所需的能量。其次，甘油醛（含三个碳）及其较小的前体乙醇醛（含两个碳）是我们开始组装核苷酸所需的原料，还有五碳糖。有趣的是，通过调用一种“循环”化学反应过程，氰化物转化为单糖的过程将变得更加高效。当亚铁氰化物络合物被紫外光激发并发射出电子时，它会转化为铁氰化物。除非这种铁氰化物可以转化回亚铁氰化物，否则当亚铁氰化物用完后，水合电子的产生就将停止。然而，含硫气体SO_2（二氧化硫）溶解在水中会形成亚硫酸盐和亚硫酸氢盐，可以让铁氰化物转化回亚铁氰化物。只是，二氧化硫从哪里来？这个问题让我们再次想起这些反应发生的地质背景的重要性。当时的火山可能处于活动期，而火山喷发会导致大量二氧化硫气体的释放。随着岩浆接近地表，压力降低，高压下溶解在熔融岩石中的气体释放可能会非常剧烈。回想一下，1991年的皮纳图博火山喷发就释放出大量的二氧化硫，由此产生的大气霾使地球在接下来的两年时间里温度下降。硫化学对于氰化物转化为单糖的前生命化学过程的高效运行至关重要，这个过程现在被称为硫氰根光氧化还原反应，用以强调氰化物、硫和紫外光的协同作用。

构建核苷酸

然而，更细致的研究表明，在我们找到制造核苷酸的现实路径之前，还有许多问题需要解决。我们将在这里考虑其中的两个问题。这种二碳糖和三碳糖是反应性的，而且三碳糖（甘油醛）带来了一个特殊的问题，因为它经历了从醛（其中C=O基团位于碳链的一端）到酮（其中C=O位于分子的中间）的自发重排（同质异构化反应）。这种重排引发了一个令人不安的结果，如果任其自行决定，溶液中99.9%以上的甘油醛都将异构化为这种酮产物，而这种酮产物并不参与关键的结晶中间体RAO的合成。因此，研究人员必须搞清楚所需的二碳糖和三碳糖是否稳定，稳定的话，它们就可以积累到高浓度而不会形成无用的副产物。幸运的是，事实证明，至少有两种方法可以实现这一点。第一种方法非常简单。大气中的二氧化硫溶解在水中，特别是弱碱性水中，形成硫酸氢盐，通过与醛（包括我们的单糖）反应可以形成稳定的络合物。而且，该反应是可逆的，这意味着硫酸氢盐加合物可以积累，而游离糖可以缓慢释放，从而使所需的反应进行下去。

有趣的是，还有另一种稳定糖的方法（尽管过程更复杂），使它们能够在稳定的储库中积累。这种方法是由伦敦大学学院化学家马修·波纳在实验室中发现的，它也涉及硫化学。在这种情况下，关键分子是2AO（核苷酸的前体）的硫类似物，我们可以称之为2AT。事实证明，2AT可与单糖反应形成稳定的复合物——美丽的晶体。

在糖的混合物中，2AT与二碳糖乙醇醛反应最快，因此溶液中将沉淀出一层2AT加合物的晶体。而2AT与甘油醛的反应进行得较慢，从而形成第二层晶体。2AT甚至可以拯救甘油醛中的酮异构体，因为该异构体会慢慢转化回甘油醛，然后以结晶的2AT加合物的形式从溶液中析出。在这两种稳定糖的方式中，哪一种是早期地球上可能发生的“真正”方式呢？两者都有可能：亚硫酸氢盐工艺较简单，但2AT工艺为我们提供了一种分离二碳糖和三碳糖储层的物理方法，具有潜在的好处。只是这种分离是否有必要尚有待观察。

现在我们已经找到了一种可以让二碳糖和三碳糖保持稳定形态（无论是溶液还是晶体储层）的方法。问题是接下来会发生什么。正如我们上面讨论的，乙醇醛与富含氮的化合物氰胺反应生成相当稳定的中间体，简称为2AO。2AO既可以与另一个乙醇醛分子发生反应，也可以与甘油醛分子发生反应。这些反应会引起一些混乱，因为与第二个乙醇醛的反应会产生两种产物，而与甘油醛的反应有4种产物，其中只有一种是我们最喜欢的中间体RAO。在这6种产物中，除了从溶液中结晶出来的RAO，其他5种副产物均被冲走，由此形成了一个纯RAO的储库。顺便说一句，围绕RAO结晶的故事之所以有趣，还有另一个原因，那就是这些晶体在磁性表面上会旋转，这甚至可以解释为什么我们知道的两种（左旋或右旋）镜像形式的核苷酸中只有一种是为生命而制造的。

我们现在关心的是，如何将一个漂亮、干净的晶态RAO储库转化为生命产生真正需要的东西，即RNA的核苷酸构建块。正如我们之前看到的，RAO能够与高活性化合物氰乙炔发生有效反应，氰乙炔主要由一个乙炔分子与一个氰化物分子相连而成。这个反应的产物确实是一种核苷——C的前体，而且与RNA中的C非常接近，但又不完全一致。我们稍后会回到这个问题上来。现在的问题是，氰乙炔从哪里来？答案是，氰乙炔可以在富含甲烷、氢气和氨以及氰化物的还原性气氛中形成。（事实上，在土卫六的大气层中，氰乙炔也很丰富。）然而，氰乙炔的反应性总是让它与RAO的反应看起来有点儿可疑，因为我们一直不清楚如何在正确的时间和正确的地方积累足够的氰乙炔来驱动核苷酸合成。最近，萨瑟兰实验室的研究人员意外找到了解决这个问题的办法——从氰化物本身的化学性质中。将浓缩的氰化物溶解在其水解产物甲酰胺中，稍微加热，就可以产生非常多的腺嘌呤（A）。正如我们之前提到的，腺嘌呤是RNA和DNA的典型构建块之一，它实际上是以某种方式连接在一起的 5 个氰化物。但腺嘌呤并不是这种合成反应的唯一产物。另一种主要产物是由 4 种氰化物连接而成的分子，它们形成了一个扁平的环形结构，两个氰化物基团（–CN）外突，我们将这种分子简称为DCI。所有这些都是解决氰乙炔问题的迂回方法。萨瑟兰团队的研究人员惊讶地发现，DCI与氰乙炔反应迅速并形成了稳定的加合物，为了简单起见，我们称其为CV–DCI。这是一种有趣的化合物，它从反应混合物中结晶出来，形成美丽、平坦的晶体，再次成为关键反应性化合物的稳定储库。但关键一点是，CV–DCI并不是那么稳定，以至于其搭载的珍贵的氰乙炔以非反应方式被锁定。相反，CV–DCI可以缓慢地将氰乙炔释放到溶液中，在那里它可以继续与RAO反应，形成“版本不太一样”的C前体。

目前，一些难题似乎已经得到解决，但我们还没有完全摆脱困境，因为我们还没有得到C，而是一种脱水核苷。更糟糕的是，这种脱水C的C核碱基指向糖环下方（α–异头物），而不是像生物学中普遍存在的β–异头物那样指向糖环上方，因此这种脱水核苷与水的反应会产生C的α-异头物。这正是大约60年前相关研究人员遇到的难题。就在这时，化学家莱斯利·奥格尔及其同事发现，紫外线可以将一小部分α形式转化为实验所需的β形式。这一结果既令人沮丧又令人兴奋，因为似乎没有任何方法可以扭转死局，将RAO转化为α-核糖C。

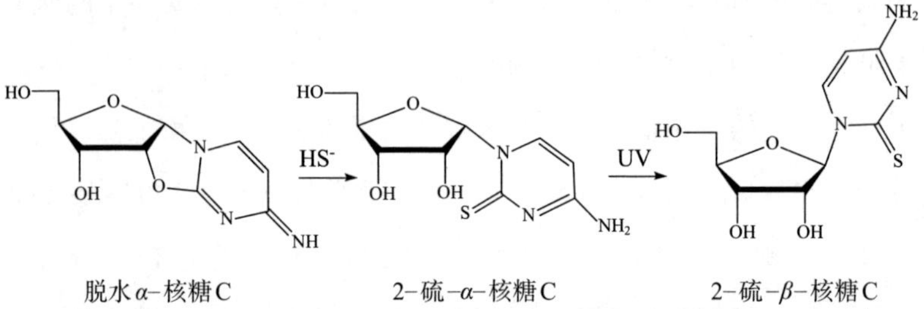

脱水α-核糖C　　2-硫-α-核糖C　　2-硫-β-核糖C

图3-8　制造有用的2-硫-β-核糖C的过程

要解决如何利用RAO的特性通过结晶进行自我净化的问题，我们不妨再次对前生命化学发生的地质背景做深入思考。

我们已经讨论了一种含硫火山气体SO_2的潜在作用，但在任何火山活动区都存在另一种含硫气体，即硫化氢（H_2S）。这种气体有一股坏鸡蛋的臭味，它也是火山熔岩或地下岩浆释放的最易识别和最危险的气体之一。事实上，本书作者之一绍斯塔克在加勒比海的多米尼克岛度假时，试图参观那里著名的活火山"沸腾湖"。然而，在离这个湖还很远的地方，H_2S的刺鼻气味就让他难以忍受，他只能放弃。信不信由你，本书另一位作者利维奥在西西里岛附近的武尔卡诺岛有过同样的经历。与氧化程度更高的SO_2一样，H_2S也可以溶解在水中，特别是在有点儿碱性的水中。因此，在地壳中循环并与岩浆释放的气体接触的水中可能积聚着硫化氢，这为很多有趣的事情提供了条件。例如，硫化氢会与亚铁等金属离子反应，并将其沉淀为相应的金属硫化物，如果是铁离子的话，就是像黄金一样的黄铁矿。然而，如果一些硫化物留在地表水中，则可能会发生更有趣的反应，这让我们回到了RAO难题。如上所述，RAO与氰乙炔（来自其缓慢析出的CV–DCI储层）反应形成与C不完全一致的“脱水”C。问题在于脱水C的环是从糖环指向下，而不是像生物形式的C那样指向上。当这种脱水C被水解后，我们最终得到的是C的α–异头物，我们也没有好的方法将环从糖的下方翻转到糖的上方来，从而使其转化为所需的β形式。然而，研究人员发现硫化物也可以攻击这种脱水前体，其产物的核碱基的一个氧原子被硫原子取代。这似乎是一种倒退，因为现在我们面临的问题又增加了一个：环仍然位于错误的位置，此外，它又多了一个硫原子。然而，令人难以置信的是，正是这个硫原子起到了力挽狂澜的作用，因为现在温和的紫外线照射激发了分子，并有效地将环翻转到向上的位置。在弱碱性条件下持续暴露于紫外线会导致产物中硫的损失，产生天然形式的核糖核苷C。此外，在碱性环境中暴露于紫外辐射还会将C转化为U，从而提供了RNA的 4 个典型构建块中的 2 个！

下面我们来简要回顾一下。我们已经了解到氰化物是如何转化为简单的二碳糖和三碳糖的，它可以通过与硫酸氢盐（来自火山的SO_2）或 2AT反应来致稳。之后，氰胺与这些糖反应形成复杂的混合物，其中一种异构体RAO从溶液中自发结晶，并积累形成纯化物质的储库。随后，RAO先与氰乙炔（来自另一个结晶储层CV–DCI）反应，再与硫化氢反应，形成含硫核苷，并通过紫外线照射转化为正确的结构（异头物）。最后，碱性水中的核糖核苷C持续暴露于紫外线下，还会产生与生物相关的C和U核苷的混合物。图 3–9 总结了整个路径。

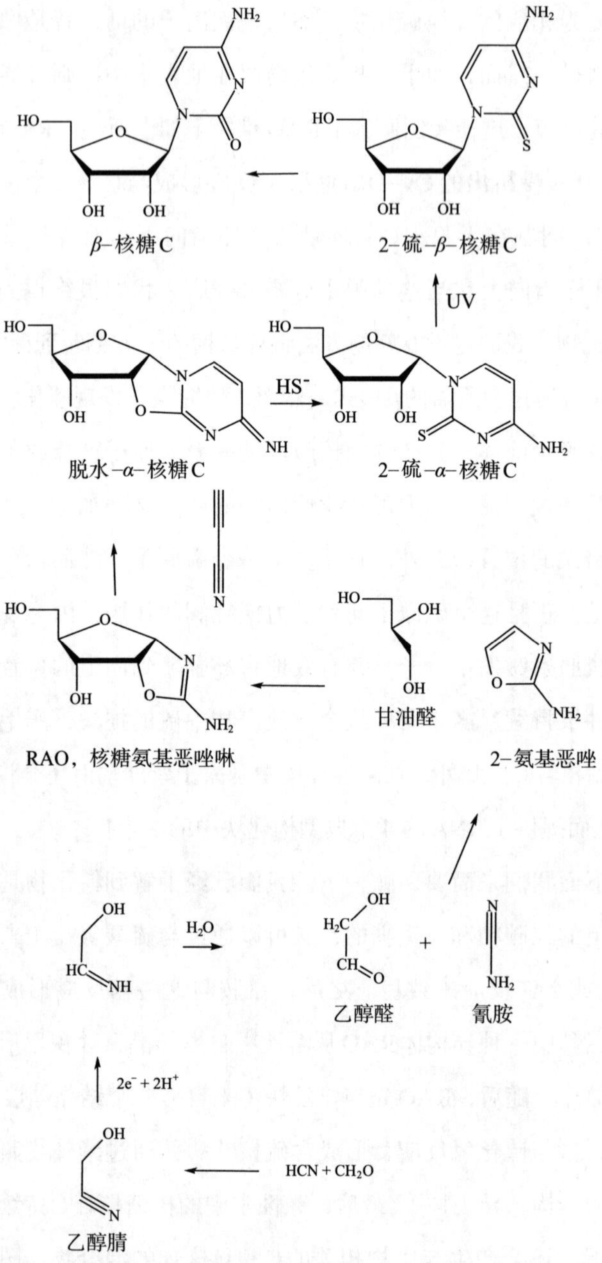

β–核糖C　　2–硫–β–核糖C

UV

HS^-

脱水–α–核糖C　　2–硫–α–核糖C

RAO，核糖氨基恶唑啉　　甘油醛　　2–氨基恶唑

H_2O

乙醇醛　　+　　氰胺

$2e^- + 2H^+$

$HCN + CH_2O$

乙醇腈

图 3–9　制造β–核糖C的全过程（由下至上）

也许这一系列反应中最重要的一点是，前沿研究已经用一系列步骤取代了“前生命汤”的老式概念。在这些步骤中，中间体在溶液中稳定下来，并通过结晶实现纯化。这些结晶的中间体本质上是有机矿物，可以随着时间的推移而积累，直到它们被破坏或在下一步中继续反应。

但又出现了一个明显的问题：在正确的条件下，所有这些步骤在自然界中以正确的顺序发生，最终产生生物构建块的可能性有多大？这个问题很难（如果不是完全不可能）仅从化学上来回答。事实上，生命起源中最困难（也是最慢）的一点可能是制造和积累一系列化合物作为储库，然后以正确的顺序将它们聚集在一起，产生与生物相关的产物。正是在试图回答这个问题的过程中，人们对地外生命的天文探索可能会提供些许见解，例如，我们银河系中的生命可能并不罕见。

制造 4 种 RNA 核苷中的 2 种对构建活的原细胞来说还不够，至少长远看是这样。C 和 U（嘧啶核苷）的成功制造引出了一个问题：该如何制造嘌呤核苷 A 和 G 呢？许多新想法正在探索中，但目前还没有明确的答案。另一个关键问题是如何将磷酸盐连接到核苷上，以产生作为 RNA 链亚基的核苷酸。这是另一个会有所突破的领域。这里的问题是如何在正确的位置上将磷酸盐添加到核苷中（这被称为磷酸化），因为核糖上有三个羟基（–OH），原则上其中任何一个羟基都可以被磷酸化。大多数的磷酸化方法都是非常粗糙和非特异

性的，这意味着这三个位置中的任何一个或全部都可能被磷酸化，从而产生复杂的混合物。在生物学中，RNA和DNA的核苷酸构建块总是将它们的磷酸盐放在一个特定的羟基上（突出并远离糖的其余部分），但令人沮丧的是，从化学上讲，其他两个羟基被磷酸化似乎更容易。在这种情况下，磷酸盐倾向于环化，产生环磷酸盐。有趣的是，这与RNA的水解产物相同。一种原因可能是核苷酸或带有末端环磷酸的核苷酸短链是RNA实际的原始构建块，我们今天在生物学中看到的特定磷酸化是进化的后期"发明"。这一想法与下述事实是一致的：这种短链可以在模板上组装（当一条链用作另一条链的模板时），以产生更长的产物。

另一方面，这种组装反应的缓慢速率和低产率同样可被看作该过程与RNA合成无关的证据。当然，通过核苷酸（或短链）在正确的位置用活化的磷酸盐复制模板要快得多，也更有效。早期，为了将磷酸化引导到正确位置上，人们曾尝试引入硼酸盐，让硼酸盐与其他两个羟基复合，以防止它们磷酸化。这种方法相当有效，但在早期地球环境下制造核苷酸时，是否有足够的硼酸盐还存在争议。目前尚不清楚是否会找到其他方法使磷酸化的反应更温和、更具体，因此寻找这种途径显然是当务之急。

正如我们看到的，在实验室中生产RNA的构建块遇到了许多挑战。然而，严谨而有创造力的思考方式，加上广泛的实证工作，已成功克服了许多（尽管不是全部）障碍。但这仅仅是开始。在能够声称我们了解生命出现的全过程之前，我们需要实现活细胞的许多其他成分的实验室生产。

附录　化学结构和化学反应示意图

本附录由一系列化学结构示意图组成，用以说明RNA的构建块是如何从较简单的原料开始一步步组装而成的。

如何“阅读”化学结构示意图

人们通常以一种速记格式绘制化学结构，起初可能会让人感到困惑。但这种速记的规则很简单：每条线代表相邻原子之间的键；单线表示单键，双线表示双键，三线表示三键，所以很多化学结构表达起来都很简单。但是，碳原子很少明确用C来表示。实际上，任何两个键相遇的地方都有一个碳原子。至于氢原子，我们甚至懒得写下来，但没关系，你也可以弄清楚氢的位置，因为碳原子总是形成 4 个键。例如，单线和双线之间的连接点表示该碳原子具有三个键，缺少的第四个键就是隐含的氢原子。有时这可能有点儿棘手，如下面第一幅图中的氰乙炔结构。氰乙炔被绘制成线性分子，因为它确实是一个线性分子。你会看到两个三键：在分子的顶部，碳原子通过三键连接到氮原子形成“氰基”部分；而在分子的底部，两个碳原子通过三键相互连接形成乙炔部分。这两个部分通过一个键连接在一起。因此，分子中间的两个碳原子虽没有明确绘出，但通过三键和单键的连接隐含在其中。

1. 核碱基C（又称胞嘧啶）的合成

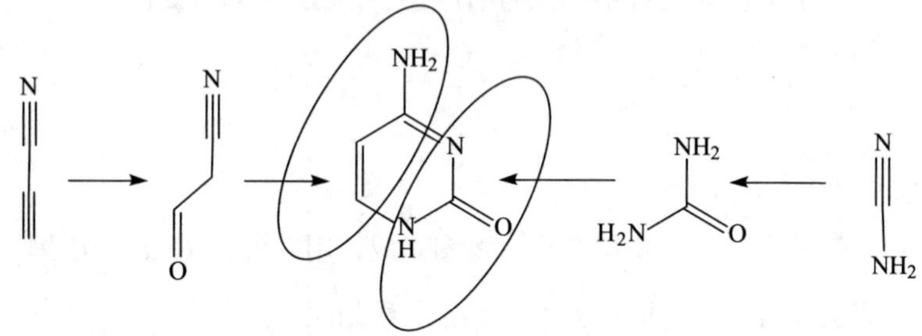

氰乙炔 氰乙醛 胞嘧啶 尿素 氰胺

两个原料分子，最左边是氰乙炔，最右边是氰胺，均由碳、氮和氢原子组成。两者都与水反应形成水合衍生物，分别为氰乙醛和尿素。这两种化合物可以结合在一起形成胞嘧啶，胞嘧啶是胞嘧啶核苷酸的核碱基成分。左上角的椭圆内含来自氰乙炔的原子，右下角的椭圆内含来自尿素的原子。

2. RAO的合成

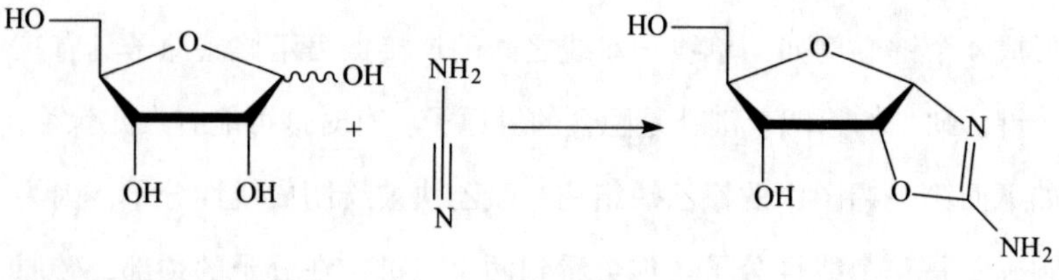

核糖与原料氰胺反应产生核苷酸合成过程中的关键中间体RAO，即核糖氨基恶唑啉。

3. α−胞苷的合成

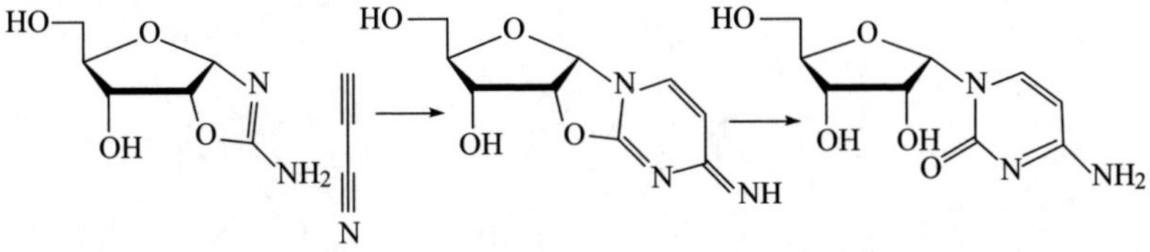

RAO（左）与氰乙炔（紧挨RAO的右侧）反应生成α−脱水红细胞素（中），在水中水解生成胞苷的α−异头物（右）。

4. 2−氨基恶唑的合成

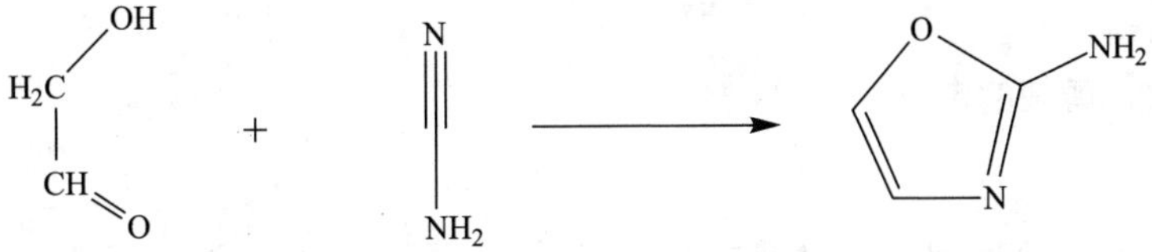

乙醇醛和氰胺结合生成2−氨基恶唑。

5. 制作RAO的不同方式

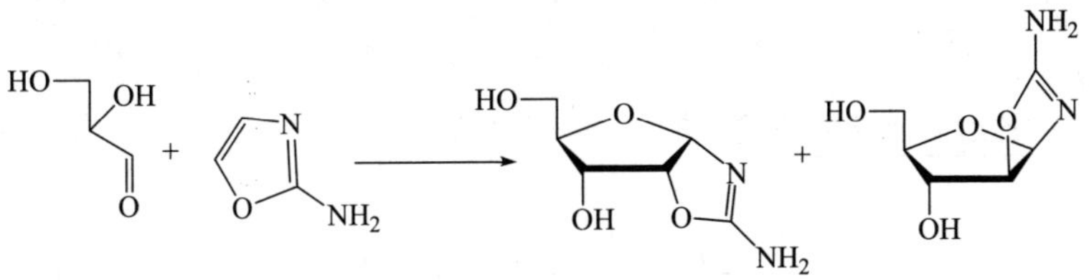

甘油醛和2AO结合形成RAO和AAO的混合物，还有图中未展示的其他异构体。

6. 一种由araC制备核糖C的方法

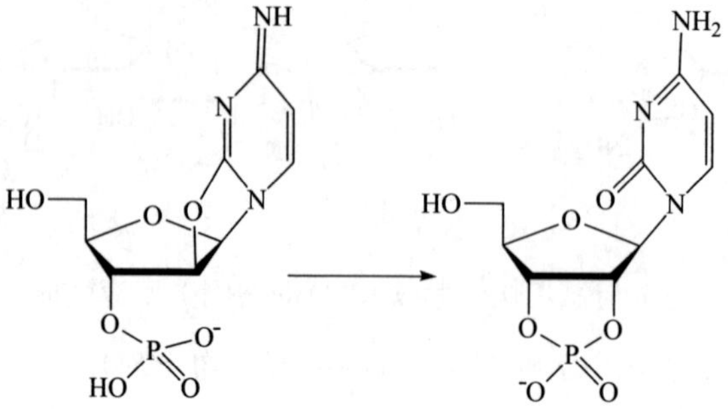

在3′–OH上带有磷酸盐的无水araC转化为带有2′–3′–环磷酸盐的核糖C。

7. 乙醇腈的合成

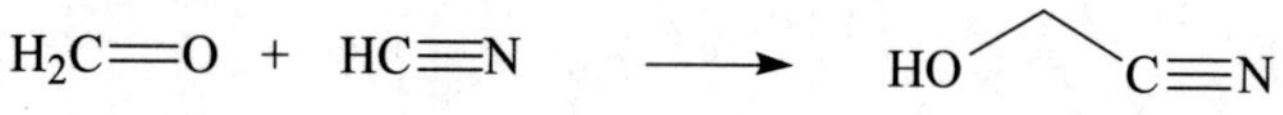

$$H_2C{=}O + HC{\equiv}N \longrightarrow HO\text{—}CH_2\text{—}C{\equiv}N$$

甲醛　+　氰乙醇　　　　腈

甲醛和氰化物这两种反应性原料分子相互反应形成乙醇腈。多年来，这种相对不活跃的分子被认为是一种无效终产物，必须不惜一切代价避免其产生。

8. 将乙醇腈转化为最简单的糖——乙醇醛

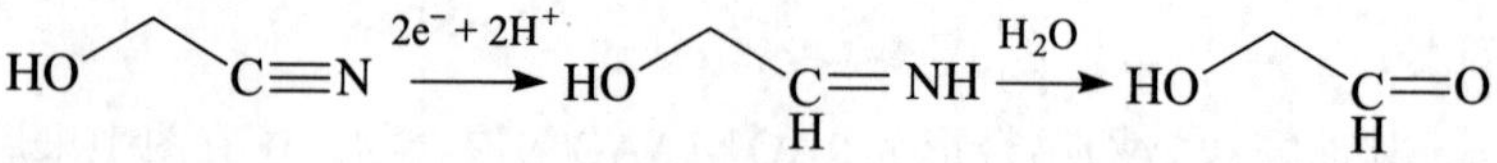

$$HO\text{—}CH_2\text{—}C{\equiv}N \xrightarrow{2e^- + 2H^+} HO\text{—}CH_2\text{—}CH{=}NH \xrightarrow{H_2O} HO\text{—}CH_2\text{—}CH{=}O$$

乙醇腈　　　亚胺中间体　　　乙醇醛

9. 糖的甘油醛异构化为二羟基丙酮

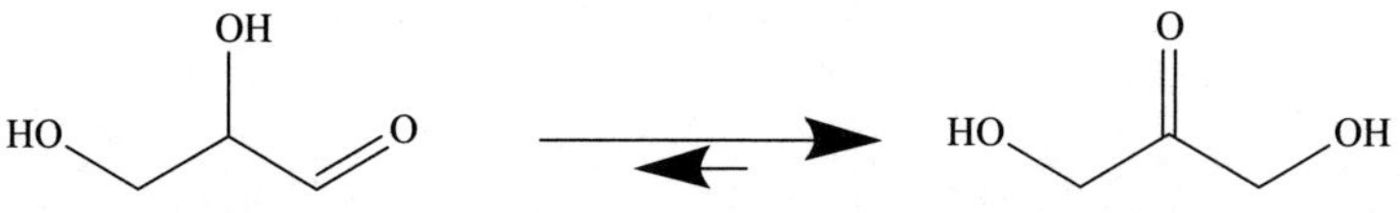

甘油醛 二羟基丙酮

10. 2AO及其近亲 2AT和 2AI

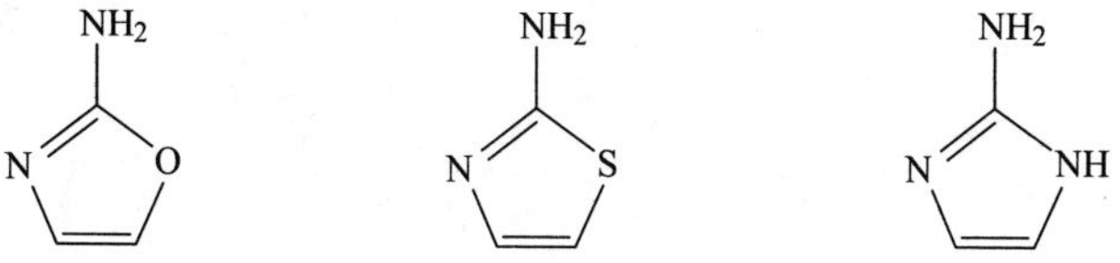

2AO 2AT 2AI

2AO是 2-氨基恶唑。唑是含有氮原子的五原子环（N是氮杂），恶唑是含有氧原子和氮原子的五原子环。

2AT是 2-氨基噻唑。噻唑是一个含有硫原子和氮原子的五原子环。

11. CV-DCI的合成

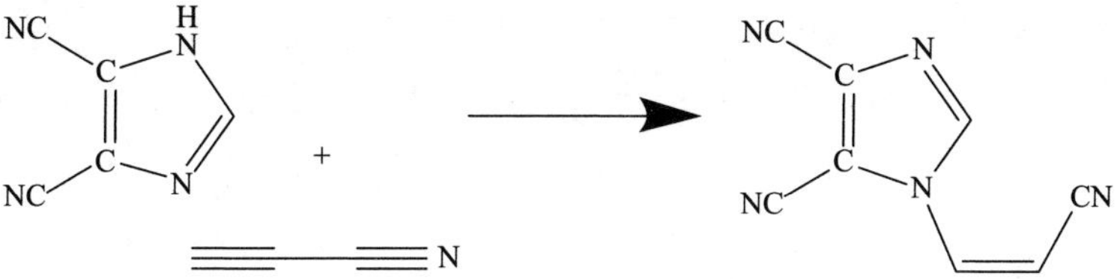

二氰基咪唑和氰乙炔反应形成加合物CV-DCI，即氰乙烯基二氰基咪唑。CV-DCI结晶为平板状，可以看作氰乙炔的稳定储存形式或储器。

第 4 章

生命的起源：氨基酸和肽的产生

这是生物化学中一个引人注目的归纳——令人惊讶的是，生物化学教科书却几乎从未提及——20 种氨基酸和 4 种碱基，在整个自然界中都是一样的，只有个别例外。

弗朗西斯 · 克里克，诺贝尔奖获奖演讲

我们在探索地球生命的起源时，必须找到一种能产生蛋白质的化学途径。具有酶活性的蛋白质能够催化合成新细胞材料所需的大量代谢反应。此外，组装成纤维的蛋白质控制着细胞形状，以及细胞运动和细胞分裂等动态过程。所有这些蛋白质都是在复杂的翻译过程中产生的，其间核糖体将信使RNA中的遗传信息翻译成蛋白质，信使RNA是长串核苷酸，而蛋白质是有序的氨基酸串。这项翻译任务是由遗传密码介导的，该密码将RNA密码子序列与氨基酸序列联系起来。这个过程太复杂了，在生命起源期间无法完整运行，但该过程的雏形必然反映在氨基酸合成的化学作用中，反映在产生肽（氨基酸短链）的化学反应中，以及最终将氨基酸与RNA连接起来的奇妙化学环节中。现在让我们回到起点，考虑可能产生氨基酸的化学途径。

我们首先研究一项著名的突破性实验，并挖掘其细节，以便了解为什么它可以为早期地球上氨基酸的合成提供现实途径。1952年，化学家（当时是研究生）斯坦利·米勒在诺贝尔奖获得者哈罗德·尤里的指导下，在芝加哥大学设计了一项实验，旨在调查早期地球上的生存条件。他们发现，对氢气、甲烷、氨和水构成的人工“大气”进行电火花放电，结果合成了两种氨基酸，这是当时一项具有革命性的成果。人们突然意识到，像氨基酸——蛋白质的基本组成部分——这种对生命至关重要的化合物竟然能以如此简单的方式产生出来，这一实验结果震惊了化学界，并激发了长达数十年的后续研究。顺便说一句，尤里亲切地把这项实验的成功完全归功于米勒。人们认为米勒–尤里的结果证明了氨基酸的合成，但事实上，这并不完全正确。反应的实际产物是*α*–氨基腈，一种与*α*–氨基酸密切相关的物质（二者的差别在于，连接中心*α*–碳的是腈基，而不是酸性羧基）。这本身算不上一个问题，因为腈在水中能缓慢水解成羧酸盐（具有羧基的化合物）。强酸加速了这种水解反应，这就是米勒用来从腈前体中合成氨基酸的方法。事实上，火山地区常见的硫化物也可以利用更具反应性的中间体加速腈水解为羧酸的过程。这意味着*α*–氨基腈转化为氨基酸的过程应该可以在早期地球上发生，至于过程的快慢，则取决于具体的化学环境。

$$H_2C{=}O \;+\; HC{\equiv}N \;+\; NH_3 \longrightarrow H_2N\!-\!CH_2\!-\!C{\equiv}N$$

甲醛　+　氰化物　+　氨　　　　甘氨酸腈

图 4–1　甲醛、氰化物和氨结合形成甘氨酸腈

这一切的结果是，如果我们想了解氨基酸是如何制造的，那么我们真正需要了解的是*α*–氨基腈是如何制备的。制备*α*–氨基腈的最简单方法是由德国化学家阿道夫·斯特雷克在 19 世纪中叶发现的。他证明，当醛（具有C=O基团的分子）与氰化物、氨混合后，就会产生*α*–氨基腈。这种反应通常被称为斯特雷克反应，它不仅众所周知，而且得到了广泛应用。重要的是，我们立即认识到，氨基酸前体的合成与核苷酸前体的合成之间存在关联，因为两者都涉及醛与氰化物的反应。

正如我们之前所见，当氰化物与水中的醛反应时，产物是氰醇。随后，–CN基团在还原为醛（如通过水合电子）的过程中产生糖，单糖则可以继续组装核苷酸。此外，我们还可以将这个反应做一个细微的改变。当我们在氰化物与醛的反应中加入氨时，会产生α–氨基腈。在这种情况下，腈的水解会产生氨基酸。具体来说就是，甲醛、氰化物和氨结合形成甘氨酸腈，即与甘氨酸相对应的α–氨基腈。核苷酸的合成与氨基酸的合成之间的这种惊人联系为我们提供了一个重要线索，它表明生物学的构建块可能都是在类似的邻近环境中同时合成的。

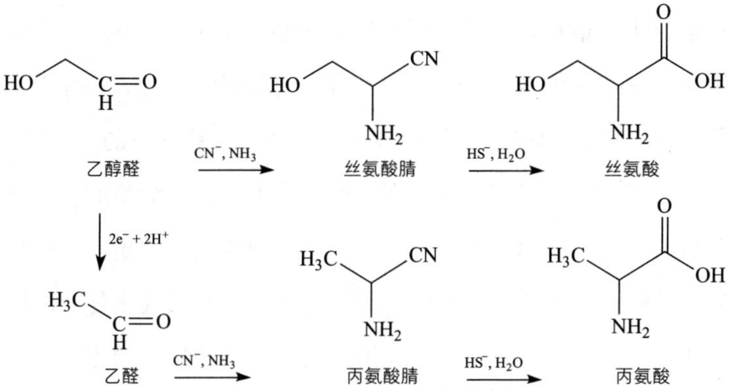

乙醇醛 —(CN^-, NH_3)→ 丝氨酸腈 —(HS^-, H_2O)→ 丝氨酸

乙醇醛 ↓ $2e^- + 2H^+$

乙醛 —(CN^-, NH_3)→ 丙氨酸腈 —(HS^-, H_2O)→ 丙氨酸

图 4–2　制造丝氨酸和丙氨酸的化学反应过程

在追溯了氨基酸从α–氨基腈到醛的化学起源后，我们现在可以将寻找氨基酸的前生命路径重新表述为寻找相应的醛。对一些最简单的氨基酸来说，这是相当简单的。例如，最容易生产（因此也可能是数量最多）的醛是单碳甲醛。正如我们之前看到的，甲醛与氰化物反应可生成最简单的氰醇——乙醇腈。在存在氨的情形下，则

会产生甘氨酸腈。甘氨酸腈又会水解成最简单的氨基酸，即甘氨酸。

这里有一个有趣的词源注释，这组化合物的前缀gly-来自“glyco”（“糖”），与甘氨酸的甜味相呼应。甘氨酸是一种最简单的氨基酸，所以我们认为在前生命环境中它的数量是最丰富的。但为了制造更有趣的肽，仅仅有甘氨酸是不够的。接下来的两种氨基酸——丝氨酸和丙氨酸——的起源很容易推断。丝氨酸直接来源于我们在第 3 章中遇到的二碳糖乙醇醛，通过相同的斯特雷克反应，即与氰化物和氨的反应，再将腈水解成羧酸基团即可得到。制造丙氨酸还需要一个反应——将乙醇醛还原回乙醛。这种还原需要用氢原子替换乙醇醛的羟基（由与氢原子结合的氧原子组成）。有趣的是，这种还原反应与腈被还原为醛的化学反应机制完全相同。在这两种情况下，通过紫外线照射亚铁氰化物获得的水合电子（如第 3 章所述）都充当了强大的还原剂，以驱动类似的反应。乙醛正是以这种方式产生的，同样，斯特雷克反应也可以产生常见的丙氨酸。

到目前为止，我们已经看到三种最简单的氨基酸是如何从产生核苷酸的化合物中衍生出来的。接下来我们考虑两种稍大也更复杂的氨基酸——苏氨酸和缬氨酸。为了得到它们和其他更复杂的氨基酸，我们需要不断重复使用这几组子反应。虽然复杂的化合物名称看起来很吓人，但其实它们涉及的原理非常简单。第一组子反应包括氰化物与醛在水中的反应，产生较大的氰醇产物，或者在氨的参与下，产生α–氨基腈。第二组子反应由水合电子驱动的还原反应组成，包括将–CN腈（通过中间体）还原为醛和将–OH基团还原为–H。第三组子反应涉及硫化氢（HS–）与腈基团的反应，产生一个可以水解为羧酸盐或还原为醛的基团。仅使用这三组非常基本的化学反应，我们就可以轻松得到苏氨酸和缬氨酸。我们知道通过斯特雷克反应可以合成制备丙氨酸的乙醛，但为了获得苏氨酸，我们需要让乙醛与氰化物反应生成新的氰醇，再将腈还原为新的醛。这样我们就可以重复与氰化物的反应循环。如果存在氨，则会形成一种新的 α–氨基腈，它是苏氨酸的直接前体。

缬氨酸可以用非常相似的方式形成，但有一个有趣的不同点。为了形成缬氨酸，我们从甘油醛开始，甘油醛是核苷酸合成中的关键成分。回想一下，甘油醛是不稳定的，会自发异构化为酮，其中与氧原子构成双键的碳位于分子的中部，而不是末端。所以为了得到核苷酸，我们必须防止异构化反应的发生，或者在发生异构化反应时将其逆转。然而，要制造缬氨酸，异构化步骤是必不可少的。这种异构体有两个羟基，三个碳链末端的每个碳原子上各有一个。这些羟基被氢原子取代后，产生丙酮（通常作为洗甲水的溶剂）。丙酮通过与氰化物的初始反应可生成缬氨酸，形成新的氰醇，然后将羟基还原为氢，将腈还原为另一种醛，这是缬氨酸通过斯特雷克反应合成的直接前体。

CN^-, NH_3　　HS^-, H_2O　　H_2O

氰乙炔　　α–氨基腈前体　　天冬酰胺　　天冬氨酸

图 4–3　制造天冬酰胺和天冬氨酸的化学反应过程

当考虑合成越来越大、越来越复杂的氨基酸时，我们看到，在核苷酸和氨基酸之间存在越来越多的联系。在合成天冬酰胺、天冬氨酸、谷氨酰胺和谷氨酸等氨基酸的过程中，我们发现了这种联系的一个特别引人注目的例子。

这4种氨基酸都可以从氰乙炔开始产生，氰乙炔正是C和U核苷的核酸碱基合成中必不可少的反应性原料。在这种情况下，氰乙炔从其晶体储层CV–DCI中缓慢释放而出，与RAO反应生成无水形式的C核苷。然而，在富含氰化物和氨的环境中，氰乙炔可以形成天冬酰胺和天冬氨酸的*α*–氨基腈前体。这种前体含有两个腈基，一个在氨基旁边，可水解成羧酸盐，另一个在分子的另一端。如果第二个腈发生部分水解，则形成天冬酰胺；当它进一步水解为第二个羧酸盐时，就会产生天冬氨酸。此外，碳骨架可以通过下述过程来扩展：将一个腈还原为醛，然后（通常）加入氰化物发生进一步反应形成单碳的谷氨酰胺前体，谷氨酰胺水解后产生谷氨酸。

如果有人还嫌谷氨酰胺和谷氨酸的合成不够复杂，那么有两条相似但更长的路径可以产生另外两种氨基酸——脯氨酸和精氨酸。这些氨基酸都很有趣，因为它们在肽和蛋白质结构中起着重要且非常不同的作用。其中，脯氨酸是唯一具有环状结构的生物氨基酸。

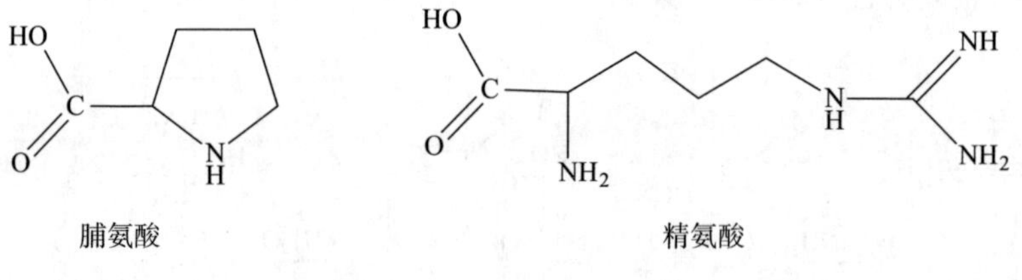

脯氨酸　　精氨酸

图4–4　脯氨酸和精氨酸

因此，它会使肽的结构产生弯曲或扭结，也会打破蛋白质中的规范结构，如诺贝尔奖获得者、化学家莱纳斯·鲍林发现的著名*α*–螺旋。另一方面，精氨酸的侧链带有正电荷，可以与RNA等带负电荷的分子发生强烈的相互作用。脯氨酸和精氨酸的外表看起来非常不同，但它们在这一化学合成路径中拥有一个共同的早期前体，并且与通往酸性氨基酸的路径存在早期阶段的差异。虽然氰化物和乙炔可以以一种方式偶联产生氰乙炔，但它们也可以用不同的方式偶联产生丙烯腈（从理论上讲，这些是氧化和还原过程）。一般来说，丙烯腈转化为脯氨酸和精氨酸的反应与我们讨论的其他氨基酸的反应类型相同。然而，这两种路径也涉及一些与众不同的步骤，例如产生带正电基团并最终成为精氨酸的反应。相比之下，脯氨酸的合成路径涉及脯氨酸环的早期生成，随后才是一系列我们较为熟悉的反应。

到目前为止，我们已经看到，在地球生命中发现的 20 种组成蛋白质的典型氨基酸中，有 11 种可以由相同的化学反应网络（即硫氰根光氧化还原反应）产生，该网络也能够产生RNA的 4 种典型核苷酸构建块中的至少两种。那么你自然要问了，今天生物学发现的其余 9 种氨基酸呢？其中一些，如芳香族氨基酸苯丙氨酸、酪氨酸和色氨酸，被认为是晚期才进入遗传密码的，部分原因是它们的形成没有明显的前生命途径。这些氨基酸可能是在细胞代谢的进化过程中出现的，然后被用于合成蛋白质。然而，随着新的前生命途径的发现，这种观点在未来可能会有所修正。例如，相对不稳定的氨基酸半胱氨酸，直到最近人们才发现，半胱氨酸可以通过三个步骤由丝氨酸的 α– 氨基腈前体衍生出来。

下面总结一下我们在上述三章中介绍的内容要点：我们首先提到一系列概念上的突破，基于对早期地球的地质环境的认真思考，人们发现了许多（但不是全部）生物学关键构建块形成的化学路径。

重要的是，这些路径使得早期材料数目缩减为有限的几种，这与早期产生大量化合物的方法不同，因为生物学所需的原料数量非常少。但即使是这些相对有效的“新”合成途径，也无法在前生命汤的场景中输送复杂的分子，如核苷酸。前生命汤概念现在已被沉淀或结晶中间体的不断积累所取代，从一个中间体到下一个中间体的反应序列很短。最重要的是，我们已经证明，这种中间产物的积累和化学反应很可能在早期地球的表面起作用。现在，产生生命分子的困难（继而导致进展缓慢）似乎并不在于化学本身。相反，这种可能性——在正确的时间和正确的地点发生正确的环境变化——很低，因此这些储层可以在不被破坏的条件下积累，然后进行下一次化学转化，直到最终为第一个活细胞的出现做好准备。

第 5 章

生命的起源：从组装第一个原细胞开始

细胞可以被视为一种真正的生物学原子。

乔治 · 亨利 · 刘易斯,《普通生命中的生理学》

地球上所有的生物都是细胞性的：像我们这样的大型生物由数万亿个细胞组成，细菌或酵母等较简单的生物则由单细胞或小细胞群组成。从某种意义上说，细胞是生命的单位，因为生命的传播是通过细胞的生长和随后的分裂来进行的。因此当回溯过去时，一定存在第一个细胞，我们可以问问自己：这个细胞可能是什么样子的？它的结构和化学成分可能是什么？在理解生命起源方面，我们想知道第一个细胞是如何由早期地球表面存在的非生命化学物质组装而成的，它们处在什么样的环境中，使用什么样的能源。令人惊讶的是，这个自组装问题本身已被证明是相当简单的，真正的挑战在于，我们要弄清楚这样一个没有进化的生化机制且极其简单的细胞是如何生长和分裂，从而产生越来越多的子代细胞的。在深入探讨这些问题之前，我们应该先问问自己：为什么生命始于一个简单细胞的形成？换句话说，我们需要明确细胞组织的重要性。

细胞结构的本质是，细胞是一个区室——一组局域化的分子，以某种方式与环境的其他部分隔离开来。在一个非常基本的层面上，我们很容易看出为什么这是必不可少的。毕竟，我们自己也是一个个体，我们不希望自身的组成部分会轻易地溶解在环境中，并随风飘散。这同样适用于细菌等单细胞生物，也适用于最早的细胞，在这些细胞中，防止单个细胞的成分发生“遗失”是很重要的。然而，细胞作为生命单位的重要性还有一个更微妙、更根本的原因，那就是空间局域化。空间局域化是达尔文进化论出现的必要条件，也是我们周围所有不同生命形式进化的必要条件。为了理解为什么会出现这种情况，我们来考虑一个原始RNA分子。RNA的序列赋予了它催化某种代谢反应的能力。例如，我们可以想象这种代谢活动是核苷酸的合成，用于制造更多的RNA。现在，让我们进一步想象这种原始RNA的序列在复制过程中发生了错误，于是这个RNA分子的后代就是原始序列的突变版本。这种突变RNA或许能比原始核酶更快地催化核苷酸的合成。如果所有这些都发生在自由漂浮的RNA上，那么这种代谢反应的产物将扩散到周围环境中，可能有助于其他需要核苷酸完成复制的RNA。实际上，突变RNA不会受益于其优越的催化能力。现在考虑另一种情况，原始RNA存在于某种局部区室，而其他RNA存在于它们各自的单独区室。在这种情况下，碰巧获得更有效代谢活性的突变RNA将能够利用其优越的催化活性，因为其产物（在本例中为核苷酸）也将保持在同一区室内。在那里，它们可以促进突变RNA的复制，但不能促进其他RNA的复制，从而使突变RNA具有适应性优势。

这种关于分区进化优势的论证几乎适用于任何突变的结果。再举一个例子，考虑这样一个RNA分子，它作为RNA聚合酶发挥作用，可以帮助复制自身序列。这个想法并不像听起来那样异想天开，因为这些分子是在实验室的实验中进化出来的。正如我们在第2章提到的，能够帮助复制自身序列的RNA分子叫作RNA复制酶。这种RNA在生命的早期进化中起着至关重要的作用。在这个例子中，我们需要考虑这样一个事实，即RNA分子必须折叠成特定的三维形状，才能像蛋白质酶一样充当催化剂。但另一方面，为了完成自我复制，RNA分子还必须展开，以便进行复制的酶在合成副本时可以沿着其线性序列行进。也就是说，要让RNA分子进行自我复制，我们需要两个具有相同序列（或互补序列）的RNA分子协同工作。其中一个分子必须展开，以便它可以成为被复制的模板，而另一个分子则被折叠并用作复制酶。这一要求立即凸显了区室化的必要性，否则这两个RNA会因漂移而分离，致使复制过程很难发生。现在想象一个RNA分子，它是一种RNA聚合酶，但在溶液中可以自由漂移，其周围环绕着许多其他无关RNA。它可能会忙于复制其他RNA。更糟糕的是，作为高级RNA聚合酶（核酶）的突变版本，它在复制其他无关RNA方面会表现得更优越，其本身却不会从其较高的RNA聚合酶活性中受益。而在细胞中，具有增强复制能力的突变RNA则会受益于其优势，因为它会自我复制，或者至少是复制与其有共同祖先的后代的相关分子。

生命的细胞基础还有第三层依据，这在实验（对寄生物的抵抗力实验）中已经得到很好的证实。在最早一批分子进化的实验室实验中，伊利诺伊大学厄巴纳–香槟分校的分子生物学家索尔·施皮格尔曼及其合作者在20世纪60年代进行的精彩实验显得尤为突出。他们的实验利用了一种能复制Qβ病毒的RNA基因组的蛋白质酶。在细菌的细胞内，即在区室内复制的情形下，Qβ病毒在多代的生长过程中能够保持其全长基因组。但施皮格尔曼通过一系列实验观察到，在溶液中，病毒RNA基因组的传播导致更小的寄生性RNA迅速出现。寄生性RNA的尺寸比全长基因组的RNA小，所以它们复制得更快，并迅速接管了种群。这些较短的RNA出现在病毒复制过程中，导致聚合酶意外地跳过部分序列，产生缺失突变体。当病毒RNA在细胞内复制时，这种情况也会发生，但缺失突变体不能在整个群体中传播，因为它们是有缺陷的。尽管使用病毒证明细胞区室化在抵御寄生物方面的作用看起来很奇怪，但得出的结论是明确的：在溶液中（即不是在区室中），RNA的复制会导致种群崩溃，因为长度较短、复制速度更快的RNA会胜过较大的RNA。相比之下，缺失突变体（在我们的例子中是病毒的寄生物）不会接管和破坏整个种群。

在明确了生命起源于细胞的必要性后，现在我们可以探讨一下什么样的物理隔间最适合第一批细胞（被称为原细胞）。我们先来研究一下，是否可以用现代生物学的方案来解决这个关于前生命的基础问题。稍后，我们将回到可能的区室类型的问题上。在前面的章节中，我们试图发现产生核苷酸的更现实的化学路径，核苷酸是产生原细胞遗传分子所必需的，而简单的氨基酸可能在原细胞功能中发挥着多种作用。除了核苷酸、RNA、氨基酸和肽外，以现代生物学为模型的原细胞的另一个基本组成部分是它的膜质包膜。生物膜由多种分子组成，具有“两亲性”的特性，这意味着其一端是亲水的，喜欢浸在水中，而另一端是疏水的，倾向于远离水。这种特性引发了双层膜的自发组装，双层膜由两层脂质（脂肪化合物）组成，其中亲水层与周围的水接触，疏水层则形成膜的中间部分并与水隔离。现代脂质是通过细胞内代谢产生的，但在早期地球上，成膜分子是如何形成的呢？事实上，这是前生命化学领域最棘手的谜团之一。脂肪酸是可以形成膜的一类最简单的分子，它本质上是一个疏水性的烃链，末端有一个亲水性的羧基（一个碳原子带有两个氧原子）。尽管这些分子在结构上非常简单，但要了解它们是如何在早期地球环境中被制造出来的，仍然是一个挑战。所有常见的前生命脂肪酸合成模型——从陨石撞击期间的形成到地球深处的合成——似乎都不足以解释组装成膜分子所需的高浓度脂肪酸是如何合成的。尽管人们目前正在探索新的途径，但解决这一问题仍有大量工作要做。

鉴于我们对脂肪酸等简单分子在早期地球上如何合成的问题缺乏清晰的认识，你可能想知道我们能否在探索第一个原细胞的组装方面取得进展。但至少我们可以从现代生物细胞开始，其中最常见的脂质是磷脂。这类分子由两个脂肪酸分子组成，它们都附着在一个中心甘油（一种天然存在的醇）分子上，这个分子被磷酸盐酯化，而磷酸盐又可能与其他亲水性有机分子连接。这种一般性结构揭示了一种进化过程：从由脂肪酸组成的原始膜，到由脂肪酸与甘油、磷酸盐连接组成的中间状态，再到现代的全磷脂状态。这一概念框架在逻辑上衍生出一种卓有成效的实验方法，即先产生由这些不同类型的脂质组成的膜囊泡（一种小的含液结构），再研究它们的性质是否适合缺乏任何进化机制的原细胞的要求。

现代细胞和原细胞（具有膜边界的区室）之间的一个主要区别是，现代细胞的细胞膜中含有大量进化了的蛋白质机器。这种机器能够实现并调节水、离子、营养素、废物等的跨膜运输。转运蛋白是一类复杂的蛋白质，是生物广泛进化的产物，因此在生命起源时并不存在。在没有这些蛋白质通道和泵的情况下，由磷脂组成的膜是原细胞内部与外界环境之间进行分子交换的强大屏障。显而易见，原细胞膜不可能由现代类型的磷脂组成，即使这些磷脂是前生命化学的产物。请注意，根据定义，原细胞不含内部进化了的催化剂，如酶或核酶，因此它们不能通过内部的代谢过程来产生核苷酸等构建块。这是一个关键问题，因为这意味着RNA的核苷酸构建块必须找到一种路径，能够从合成它们的外部环境到达原细胞内部，并在那里充当RNA复制的基本单位。因此，基于磷脂膜的非渗透性，我们只能得出原细胞膜一定与众不同的结论。似乎早期的膜必须允许带极性甚至带电的大分子（如核苷酸）在没有任何进化机制的帮助下穿过。

值得注意的是，事实证明，脂肪酸能在水中自发组装成经典的双层膜，且具有所需的渗透性能。这个组装过程最早是在50多年前通过实验展示的。事实上，这种膜可以以两种不同的方式形成。如果我们通过水分蒸发或加热使脂肪酸溶液慢慢地干燥，它会形成一层透明的薄膜，由许多双层膜片组成，像一堆煎饼一样叠在一起。向该膜中加水会让水进入膜层之间，使膜膨胀，膜片彼此分离，最终闭合成囊泡。或者，如果将酸添加到脂肪酸的碱性溶液中，双层膜将开始自发组装，先是小薄片变大，最后闭合成球状细胞样囊泡。这些囊泡可以无限期地保存RNA链等大分子，这一特性可确保基因组的RNA分子不会从其膜室中泄漏出去。因此，含有包封RNA的脂肪酸囊泡通常被称为模型原细胞。值得注意的是，脂肪酸膜的渗透性比磷脂膜高得多，就算是核苷酸，也可以无须任何进化了的蛋白质工具的帮助就能穿过膜。这种令人惊讶的特性使脂肪酸囊泡成为实验室研究的理想原细胞模型。正如我们即将看到的，脂肪酸膜还有其他令人惊叹的特性，可以促进原细胞的生长和分裂。

原细胞区室化模型

出于两个主要原因，原细胞脂肪酸膜的组成情况远非开放或封闭那么简单。首先，正如我们之前指出的，我们还不十分了解脂肪酸在早期地球上是如何以一定的浓度（足以使原细胞膜完成组装）合成的。目前，我们可以将这一不足归因于调查不够，并希望在不久的将来能找到答案。其次，脂肪酸膜合成与RNA复制的化学机制之间似乎存在根本的不相容性。这种不相容性是因为脂肪酸膜对镁和钙等常见金属离子非常敏感。事实上，这些浓度较低的离子会破坏脂肪酸膜，而在许多常见的环境中这两种离子都存在。但另一方面，RNA的复制又需要这些离子（通常是镁离子）来催化RNA的合成。这个难题是我们对生命起源理解的另一个缺口。幸运的是，有几种不同的方法可以解决膜与RNA的化学机制之间的相容性问题。为这个问题找到一种前生命的现实解决方案是当前研究的热点，我们将在本章稍后讨论一些正在进行的探索。

缺乏令人满意的脂肪酸合成途径，以及脂肪酸膜合成与RNA的化学复制机制之间的明显不相容性，使我们不禁想问：是否应该放弃原细胞有膜这一假设。换句话说，想象一个没有任何膜的原细胞不是更简单吗？这是一种非常古老的想法，俄罗斯生物化学家亚历山大·奥帕林早在一个多世纪前就提出，团聚体（coacervates）可能是早期细胞生命的基础。这种团聚体是指聚合物的聚集体。这里的聚合物包含通常带正电荷的聚合物，如富含精氨酸的短链氨基酸，以及带负电荷的聚合物，如RNA。这些带相反电荷的聚合物通过静电相互吸引，可以在水中自发聚集成液滴。这些液滴看起来像细胞，而且可以很容易地从环境中吸收和释放分子。尽管这些团聚体在化学结构上相当简单，但它们存在两个主要问题。第一，液滴倾向于相互融合成越来越大的结构，而不是保持各自的细胞状特性；第二，团聚体液滴中的RNA分子倾向于在液滴之间快速进行交换。这种交换本质上破坏了各自独立的细胞状区室，因为没有液滴会为了维持

（至少不会持续很长时间）独特的个体身份而只含有一组特定的RNA序列。尽管存在这些问题，团聚体仍然受到研究者的欢迎，即使它不能完全取代细胞，也有可能在原细胞中发挥作用。

关于原细胞区室化的另一个有趣的假设是，生命始于群集在矿物颗粒表面的RNA复制。在这个模型中，具有催化活性的RNA会在矿物颗粒表面结合，并在复制过程中沿矿物表面传播。矿物颗粒不是像细胞那样生长和分裂，而是偶尔会有RNA跳到其他矿物颗粒上，随着它们在其他颗粒上的群集而传播和进化。从表面上看，这个模型很有吸引力，因为它明显更简单，在矿物颗粒表面结合的RNA分子很容易接触到溶液中的营养素，实验也证明了活化的核苷酸可以在黏土颗粒的表面群集。然而，黏附在矿物颗粒表面的RNA分子似乎被扭曲了形状，而始作俑者正是它们黏附在矿物颗粒表面的力。形状扭曲会干扰RNA复制，也会影响RNA折叠成功能性三维形状的能力。

尽管没有一个原细胞区室化模型是完美的，但膜模型还是得到了理论和实验上的充分支持。出于下述两个原因，我们将更深入地研究这种膜模型。第一，它在实验中取得的进展比其他模型都大；第二，原细胞区室化的膜模型为现代生物学提供了直接和连续的联系。任何原细胞区室化的模型都需要在某个时候跃升到基于膜的系统，如果功能性RNA已经适应了迥然不同的环境，那么这种跃升可能会变得非常困难。

基因组的组装

正如我们看到的，原细胞膜可以很容易地实现自发组装，但原细胞也需要一个基因组。乍一看，获取基因组似乎更复杂，因为核苷酸组装长链RNA分子的过程需要通过化学反应将核苷酸连接在一起。此外，核苷酸连接成RNA链是一种脱水反应，即每两个核苷酸相互连接时都会产生一个水分子。因此，核苷酸缩合成长链RNA的过程中会产生许多水分子，而这一过程在水溶剂中是极其不易完成的（这意味着需要输入能量才能实现）。事实上，这对水与RNA反应并将RNA水解成核苷酸的逆向反应更有利，这也是RNA分子如此容易降解的原因之一。那么，如何以前生命条件下合理的方式完成需要输入能量的RNA组装过程呢？令人意想不到的是，有几种方法可以完成这项看似困难的任务。

其中一种方法是使核苷酸溶液干燥，要么让水分蒸发，要么通过慢慢加热来实现。如果此类实验中使用的核苷酸具有 5′–磷酸（位于五碳糖的五位碳上），那么在温和条件下反应不会发生得太明显。但如果用温热的二氧化碳（CO_2）吹扫溶液，通过蒸发水分来进行干燥实验，那么确实会观察到一些聚合反应。这是因为一些二氧化碳溶解在水中，形成碳酸。不幸的是，溶液的酸性必须变得非常强才能进行核苷酸缩合，但也由于酸性条件，形成的RNA分子会以各种方式受损。最常见的是，核碱基与糖之间的键断裂，RNA长链中出现缺失的位点。此外，RNA糖磷酸骨架似乎包含核苷酸之间的许多非标准连接。因此，这种简单而合理但相当苛刻的过程产生的RNA分子十分异质化，以至于难以研究，并不是原细胞基因组的理想起点。

由几个核苷酸组成短链RNA寡聚体（或RNA片段）的另一种可能方法是，从环核苷酸开始，由磷酸基团连接核糖的 2′和 3′羟基（–OH）。这种环核苷酸是RNA在水中降解的天然产物，也是化学家约翰·萨瑟兰实验室早期开发的合成路径的产物。人们早就知道，在干燥实验中，这种环核苷酸会连接成RNA片段。反应在中等酸度条件下进行，可以避免酸的破坏性影响。在这种情况下，缩合反应更容易发生，因为在两个核苷酸连接过程中不会产生水。该反应只是磷酸盐的重排，使其连接两个核苷酸。这种方法看似简单合理，却带来了一些重大后果。特别是，由此产生的RNA片段包含许多不正确的内部连接，并且总是以2′–3′环磷酸这种特定结构结束。这是一个缺陷还是一项功能，具体取决于你怎么看待它。如果RNA可以通过将小片段与模板链上的末端环磷酸盐连接在一起来复制，那么这可能是一件好事。但对需要自由（即未修饰的）3′–端的化学实验来说，这无疑是一个大问题。如果核苷酸是通过一种非特异的过程合成的，该过程将磷酸盐随机添加到任何糖羟基上，导致一些核苷酸最终得到的是5′–磷酸盐和游离的2′–3′糖，另一些最终得到的是2′–3′环磷酸盐，还有一些则根本没有磷酸盐，这一困难就可以得到缓解。在这种情况下，通过制备短链RNA寡聚体（以未修饰的3′–端终止），可能会得到两全其美的结果。

还有第三种组装短链RNA分子的方法，它需要含有5′–磷酸盐的核苷酸，以及“激活”磷酸盐使其更具反应性的特殊化学物质。几十年来，从莱斯利·奥格尔的早期工作开始，人们对这种活化化学的许多版本进行了研究。奥格尔及其同事发现，将一种特定类型的有机化合物（咪唑基团）连接到核苷酸的5′–磷酸盐上，就可以观察到在水溶液中核苷酸的缩合反应。这是因为咪唑激活的核苷酸在结合时会释放咪唑。咪唑是一种良好的离去基团（在反应过程中从底物上分离的一组原子），在这种情况下比水还要好，这意味着核苷酸的连接（或缩合）反应将会自发进行。虽然这些类型的核苷酸是为了介导RNA复制的化学过程而开发的，但事实证明，它们也可以加速水溶液中的随机核苷酸的缩合反应。当反应化合物靠得更近时，水解反应会进行得更快，因此溶液中的这种未模板化（没有模板来指导连接）的缩合反应会变得非常缓慢。毫不奇怪，用活化核苷酸进行的干燥实验会合成更多的RNA。然而，RNA的产量也会受到与水的反应的限制，这个竞争反应通过产生未活化的核苷酸和游离咪唑来逆转磷酸盐的活化。但有一个简单的物理过程可以在减缓水解的同时促进产生RNA的缩合反应，这就是冷冻。在一个非常违反直觉的过程中，当活性核苷酸溶液被置于其自身环境下时，它明显会水解，但如果将其放入冰箱，则可以获得大量的RNA！为什么会发生这种情况？答案是当含有溶质的水冻结时，纯水冰晶开始生长。随着这些冰晶的形成和变大，溶解的化合物与冰的结构分离，并积聚在生长的晶体之间。它们在冰晶之间的薄液层中高度浓缩，由于这种浓度效应，通常根本不会参与反应的分子开始相互反应。这种由核苷酸产生RNA的方法要求活化反应的参与，而另一方面，活化反应正是RNA复制的化学过程所需要的。因此，我们发现，在提供活化反应的环境中，RNA可以由核苷酸制成，然后自我复制，甚至可能被复制，所有这些都源于相同的化学过程。

到目前为止，我们已经看到简单的物理过程可以辅助膜结合区室或囊泡的组装过程。我们还发现，各种相对简单的化学反应，加上干湿或冻融循环等物理过程，可以促进短链RNA的组装。如果所有这些事情同时发生在同一地点，其结果就是组装成脂质囊泡与包膜RNA。事实上，这是制作模型原细胞以供实验室研究的常规方法。问题是，同样的事情是否也会发生在早期地球表面的自然环境中。虽然我们不可能确切地知道，但至少有两种不同的合理地质环境被认为有利于原细胞的组装。第一种是温泉区，它们在当今地球表面的火山活动区分布广泛且常见。在地质活动频繁的早期地球上，温泉区可能更为常见。第二种是撞击坑，它们也较为常见。在这两种地质环境中，水都会在热断裂的岩石间循环，并携带离子和反应性气体出现在地表。同样，在这两种环境中，干湿循环都很容易发生，正如今天在美国西部黄石公园等地区的间歇泉和泥盆中观察到的情况。在冬季，冻融循环也有可能出现，甚至与干湿循环相结合。因此，这些高度动态化的地质环境很可能为第一个原细胞的组装提供了必要的条件组合。

最近，人们提出碱性碳酸盐湖（有时也被称为“苏打湖”）是又一种非常不同的地质环境，且可能是有利于第一个原细胞诞生的家园。这样的湖泊在现代地球上并不常见，但仍然可以找到。它们通常出现在相当干旱的地区，在没有出口的盆地内，由穿过火山岩的地下水补给。这种地下水携带着从岩石中浸出的离子，流到湖中，在那里蒸发产生盐，导致磷酸盐富集。磷酸盐是RNA和DNA等核酸的重要组成部分，也是磷脂的关键组成部分。几十年来，“磷酸盐问题”被视为生命起源的主要障碍，因为地表水中的游离磷酸盐通常只以极低的浓度存在，而磷酸盐通常沉淀为高度不溶的磷酸钙矿物（如磷灰石）。然而，在碳酸盐浓度很高的环境中，这个问题得到了解决，因为钙以碳酸钙（白垩和白云石等其他矿物）的形式沉淀，磷酸盐则留在溶液中。在早期地球上，碱性碳酸盐湖可能为核苷酸和RNA的合成提供了适当的环境。碱性碳酸盐湖也提供了波动的环境（如干湿循环，这是由降雨后的蒸发和稀释造成的），以及冬季的冻融循环。碳酸盐也会沉淀其他二价阳离子，如镁和铁。事实证明，即使湖水非常咸，脂肪酸囊泡也可以在稀释的湖水中聚集（如降雨后的情况），并在蒸发诱导的浓缩过程中通过聚集的方式存活。

温泉和碱性碳酸盐湖并不相互排斥，水热活动区可将这两种地质类型紧密结合在一起，也就提供了最佳选择：熔岩流对亚铁氰化物盐进行热处理产生氰化物，氰化物的反应性衍生物可能与火山放气产生的硫化氢、二氧化硫等含硫气体，以及碳酸盐湖中的游离磷酸盐邻近。所有这些原料分子聚集在一起，可能会为RNA的合成、脂肪酸的合成及膜组装奠定基础。

还有许多细节问题需要解决，但总体情况逐渐明朗起来。人们认识到，合理预期的地质环境可能具备支持生命起源的化学物质。这使得生命起源领域的相关科学研究日益兴旺，地质学和化学的相互反馈正在加速许多遗留难题的解决进度。

非酶RNA复制

现在我们至少有了组装原细胞的大致蓝图。这些原细胞看起来就像现代生物细胞的简化版，即由膜包裹着内部核酸。我们已经准备好面对最困难的挑战：这种缺乏任何进化机制的简单原细胞如何生长、分裂、复制它们的RNA以及进化。与往常一样，当面临如此艰巨的问题时，我们必须将其分解成较小且易于掌控的小问题，这些小问题或许可以被一一解决。一旦我们通过这种经典的还原论方法获得了更深的理解，我们便能扭转这一局面，并尝试建立对原细胞增殖的整体看法。我们将首先解构RNA复制如何在不需要进化酶或核酶的帮助下，完全由化学和物理学驱动的问题。

RNA的重要特征不是它的化学成分，而是它的核苷酸构建块的序列。A、U、G和C核苷酸序列负责对信息进行编码，该序列在

RNA复制过程中必须保留。RNA复制可以分为两个阶段：第一，复制RNA链，从而产生互补序列；第二，复制互补链，从而产生原始序列的新拷贝。RNA复制的化学基础在于沃森–克里克–富兰克林碱基对（以其发现者詹姆斯·沃森、弗朗西斯·克里克和罗莎琳德·富兰克林的名字命名）：U与A配对，G与C配对。因此，要建立RNA链的互补拷贝，只需要将正确互补的核苷酸序列缝合在一起。这正是所有现代生物学中发生的事情：聚合酶沿模板链移动，每次都往生长的新链上添加一个互补核苷酸。酶极大地加速了这一过程，并使其更加精确。但没有酶也可以取得非常相似的结果。这种非酶复制RNA的化学基础是由莱斯利·奥格尔及其同事和学生在20世纪60年代末开始研究的，并一直持续到21世纪初。奥格尔的主要看法是，生物学中用于复制和合成RNA、DNA的底物，即核苷三磷酸（或NTP，即该核苷的含氮碱基与五碳糖结合，糖与三个磷酸基团结合），非常适合酶的催化反应，但完全不适合非酶反应。这是因为NTP本身基本不具反应性，需要酶来加速RNA复制的化学过程。因此，如果我们在没有任何酶辅助的情况下复制RNA模板，就需要更多的反应性核苷酸。在尝试了各种可能之后，奥格尔专注于通过将咪唑基团（具有三个碳、两个氮和四个氢原子）连接到5′–磷酸上而激活的核苷酸。这些化合物确实具有足够的反应性，一旦通过碱基配对在模板上对齐，就可以组装成互补链。这在20世纪70年代初是一个惊人的进步，它使人们乐观地认为原细胞RNA复制问题很快就会得到解决。然而，事实并非如此，化学的局限性很快就凸显出来：只有富含C的链才能被有效复制，而含有所有4个核苷酸的RNA根本无法被复制。此外，需要用极高浓度的咪唑来激活核苷酸才能观察到复制迹象，而这被广泛认为在前生命环境中是不现实的。

最后，这些反应性底物的水解速度较快，当时还没有发现再生活化核苷酸的方法。千年之交，研究停滞不前，奥格尔和该领域的大多数研究人员都认为非酶RNA的复制问题很难解决。这导致了另一种假设的出现：也许在RNA出现之前存在一些祖细胞，它们是一种更容易复制也更简单的遗传物质，在生命进化史的后期被RNA取代。在20世纪90年代和21世纪初的大部分时间里，这一假设主导了关于生命起源的思考，人们虽然做了大量创造性和有趣的相关化学探索，但都没有发现比RNA复制更好的方法。就在走投无路之际，一个转机出现了。

人们常说，可怕的事故从来不是由单一原因引起的，而是一系列错误的结果，反之亦然。同样，通往更有效和更通用的RNA复制的化学之路也来自两项不同进展的融合。第一项进展非常简单，与核苷酸激活基团的性质有关。在20世纪80年代初，奥格尔研究团队发现，将2-甲基咪唑用作核苷酸激活基团比普通咪唑更有效。尽管没有理由认为这种化合物对前生命而言意义重大，但它是一个很好的模型系统。只是，在随后的大约35年里，人们并没有进一步探索与它相关的化学机制。2016年，绍斯塔克实验室的李莉对激活基团结构变化的影响进行了系统评估并发现，将甲基改为氨基可以大大提高RNA复制化学过程的速度和程度。后续研究表明，2-氨基咪唑（2AI）可以通过两种不同的对于前生命可行的方式制备。此外，2AI可以通过与化合物2AO相同的反应混合物制备，如之前所述，2AO是核苷酸的前体。因此，2AI可能是与前生命相关的核苷酸激活化合物的合理备选方案。

关乎RNA复制的第二项进展比2AI的发现更令人惊讶，因为非酶RNA复制的发生方式与生物学中的发生方式有着根本的不同。这里，我们需要跨越理念上的障碍。人们想当然地认为，RNA复制的机制应该类似于生物学机制。这个预设是如此根深蒂固，以至于很难考虑另一种可能。然而，现在回想起来，早在20世纪80年代末，奥格尔实验室发表的研究结果就已经揭示了化学机制和生物学机制之间的差别。具体来说，通过一系列细致而有洞见的实验，奥格尔团队指明，当只有一个激活的核苷酸与RNA引物旁边的模板链（一种短的单链核酸）结合并发生反应时，该反应会进行得非常缓慢。但当第二个激活的核苷酸与第一个核苷酸下游的模板结合时，第一个核苷酸与引物之间的反应速度就会快得多。换句话说，下游核苷酸会催化上游核苷酸与引物之间的反应。奥格尔团队注意到了这种神秘的催化效应，但似乎并未做进一步的研究。

几十年后，绍斯塔克实验室的诺姆·普赖尔斯重新发现了这种效应。俗话说，在实验室工作几个月可以为你节省在图书馆里的几个小时。一旦这种催化作用被牢牢确立，很明显，理解它可能就是解锁快速有效的RNA复制的化学机制的关键。然而，弄清楚催化作用的基础需要投入相当多的时间和精力，但这一缓慢的步骤又克服了另一个先入为主的错误观念。最初人们假定，催化作用是由上游和下游核苷酸之间的物理相互作用所致，这有助于使上游核苷酸正确定向，以便与引物反应。此外，必须激活两个核苷酸才能看到催化作用，因此研究人员又假设相互作用发生在两个核苷酸的激活基团之间。但分子动力学模拟表明，这两个活化基团实际上可能以几种不同的方式相互接触，不会明显刺激引物延伸反应。同样，晶体学也没有显示两个激活基团之间存在任何稳定的相互作用。最后，绍斯塔克实验室的特拉维斯·沃尔顿做的一项关键实验给出了基本线索。研究人员发现，当两个核苷酸在存在引物–模板复合物的情形下混合时，催化作用需要将近半个小时才能显现出来。这种较长的滞后时间表明，这两个核苷酸确实会发生相互作用，但这种相互作用是通过形成一种需要时间积累的化学中间体发生的。这之后不久，人们通过严格的化学表征确定了引物延伸过程中预期的中间体。事实证明，这是一种不寻常的二核苷酸，即一种新的化合物，其结构中包含两个核苷酸，由一个咪唑激活基团桥接。我们将这种类型的分子称为桥接底物。

起初，桥接底物在RNA复制过程中的作用存在不少争议。其中一个问题是，这种分子是否可以通过两个碱基对与RNA模板链结合。这就需要桥像铰链一样起作用，使两个核苷酸可以并排放置，但仍然与模板的核苷酸碱基对成直角。完全解决这个问题需要对结构进行研究，而高分辨率晶体结构清楚地表明，桥接底物确实可以通过两个沃森–克里克–富兰克林碱基对与模板RNA链相结合。真正的突破是，深入的晶体学研究揭示了晶体内发生的非酶引物延伸的完整步骤。刚开始，活化的单体结合到引物旁边的模板上；一段时间后，两个活化的单体相互反应形成桥接中间体；最后，桥接中间体与引物发生反应，引物延伸出一个核苷酸，而桥接中间体下游的一半被释放。复制反应的步骤“可见”，为理解桥接中间体的重要性提供了三条宝贵的经验。第一，用两个而不是一个碱基对与模板结合，解释了为什么桥接中间体所需的引物延伸要比单体情况下少得多——用中间体饱和模板所需的引物延伸少得多；第二，桥本身在三维空间中完美对齐，有利于它与引物的反应，这也是反应速率更快的原因；第三，新的活化基团稳定了桥接中间体的结构，从而使其积累到更高的浓度，这可能有助于其三维结构刚性化。有了这些信息，RNA复制的速度得到进一步提升。一项进展来自桥接底物的研究：把其中一个核苷酸桥接到下游寡核苷酸（而不是另一个单核苷酸）上。这为模板提供了额外的碱基对，使RNA复制可以在更低浓度的底物和更快的速率下进行。另一方面，不同桥接物之间对模板的结合竞争似乎减缓了整个模板的复制。研究人员目前努力尝试在模板的结合强度、竞争和反应性等因素之间找到最佳折中方案，其目标是找到在现实的前生命条件下提高RNA复制过程的速度和准确性的方法。

复制

上述对非酶RNA复制过程的改进引出了下一个问题：如何超越简单的模板复制而得到真正重要的东西——循环复制。让人惊讶的是，长期以来复制问题（如复制出副本）都很困难，并且伴随着偶尔的进步、倒退和障碍。看看基因组复制在生物学中是如何起作用的，有助于我们了解为什么非酶复制如此困难。在生物学中，复制普遍涉及复杂且不断进化的生化机制，主要分几个步骤进行。复制通常始于特定蛋白质的某个待识别的起始位点。然后，高活性聚合酶会催化长链DNA（或RNA病毒中的RNA）的复制。重要的是，在细胞中复制的是双链DNA，产生两个子代双链DNA。这个过程的工作原理是，亲本DNA的两条链在一个特定的点（复制叉）被特定的酶（解旋酶）拉开，这种酶利用ATP分子（现代细胞的能量货币）提供的能量拆开被链连接在一起的碱基对。有趣的是，现代细胞利用相同的ATP，与GTP、CTP和UTP一起合成RNA。随着复制叉的推移，分离的单链被复制并转化为双链。最后，在基因组的某个特定位置上，更多的蛋白质将松散的链末端连接起来，并将复制装置分解，复制过程至此结束。这个精心策划和高度进化的过程，显然是从不太复杂的祖先系统逐步发展而来的。我们如何通过深入了解较简单的复制模式，进而了解原细胞复制是如何发生的呢？一个值得关注的方面是病毒的复制，尤其是引发细菌感染的较简单的RNA病毒。这些系统得到了非常详细的研究，尽管它们比较简单，但它们与细胞复制有许多共同特征：都具有能非常快速复制长链RNA的高效聚合酶，都有在特定位置开始和结束复制的特殊机制，以及都具备拆分双链的解旋酶。由于在生命起源时还没有这种进化框架，原细胞复制一定截然不同，并且简单得多。

鉴于我们寻找的是一种不太复杂的复制方法，聚合酶链式反应（PCR）自然而然地进入了我们的视野。如今，这种强大的技术被广泛用于DNA痕迹的追踪和鉴定，范围从刑事侦查到寻找古代人类迁徙轨迹。事实上，这项获得诺贝尔奖的技术因其在新冠病毒检测中的应用而变得知名。PCR反应只需要几种简单的基本组分：一种在高温下性质稳定的高效聚合酶，一种决定复制反应起始位点的特异性DNA引物，以及一种为分离双链提供高温同时为复制单链提供低温的循环温度环境。热循环是否在原始复制中也发挥了作用？采用简单的温度升降而不是复杂的进化酶来拆解双链确实有意义。就像在炉子上烧水时驱动对流（水从锅的较热底面循环到与空气接触的较冷表面）一样，这种足以驱动PCR扩增的温度升降条件是可以获得的。但这仍然留下了引物（它决定了聚合酶开始复制DNA的位置）的问题。由于在前生命环境中无法获得具有确定序列的引物，线性基因组RNA序列是无法完成复制的。这使得循环基因组成为合乎逻辑的选择，因为循环既没有开始也没有结束，复制的起点和终点也就不重要了。我们再次把目光投向生物学模型。一些类病毒的微小RNA寄生物就是采用循环机制进行复制的。在这种机制下，聚合酶开始复制一个环形模板，并不断旋转，织出一条包含环形基因组序列的长互补链。之后，固有的核酶活性将这条长的多聚体（由几个单元组成）链切割成单位长度的片段，相同的核酶再将线性片段连接成圆圈，循环往复。这个过程看似简单，但它需要一种非常活跃的聚合酶，以便进行链置换合成，还需要一种具有切割和连接活性的核酶。而在核酶聚合酶进化之前的前生命环境中，这些条件很难得到满足。

鉴于在没有酶或其他条件（如特异性引物或核酶）的情况下很难确定复制RNA基因组的方法，我们可能也会问：是否有更简单的方法？最近，本书作者之一绍斯塔克提出了一个新的模型，用来说明原始RNA复制可能是如何起作用的。顺便说一句，这个模型源于新冠病毒大流行期间的线上讨论，当时实验室关闭，实验工作中断。除了思考，人们别无选择，终于，一种摆脱基于生物学的先入为主的观念、阻碍早期推理的方法出现了。正如夏洛克·福尔摩斯所说，“当你排除了不可能的事情后，剩下的无论多么不可能，都一定是真相”，绍斯塔克及其同事试图将他们认为合理的各种物理过程和化学反应拼凑在一起，旨在找到一条不依赖任何不可能（或极不可能）的先决条件的复制路径。他们称之为虚拟环形基因组（VCG）模型。该模型结合了循环基因组的有益方面——没有开始或结束，因此不需要假设存在从开始到结束的特殊方式。换句话说，复制可以在任何位置开始和结束。在VCG模型中，循环基因组是虚拟的，由一系列重叠的环形序列来表示。此外，该模型建立在通过引物延伸和连接（ligation）进行模板复制的化学原理（在实验中已得到良好检验）的基础上。原细胞基因组由环形基因组两条链中的短链RNA组成，因此重叠的寡核苷酸对会退火（指热变性后的单链核酸经过缓慢降温后形成互补双链的过程）形成末端有悬突的短双链，而这些悬突正是引物延伸或连接可能发生的部位。因此，在存在活化核苷酸和桥接中间体的情形下，预计整个环形序列会发生小范围的模板复制。在VCG模型中，复制不是以有针对性的端到端方式进行的，而是围绕整个循环基因组逐位分布的。最后，该模型调用了环境变量，如温度升降，这样碱基配对的片段就会随机拆分开，再重新聚集在一起。每个循环都会打乱碱基彼此配对的寡核苷酸组。这使得在每个循环的不同位置能够进行少量的复制。原则上，重复这一过程就能够复制整个循环片段集。我们不知道这个过程是否真会发生，或者它只是一个不切实际的计划。目前对该模型的深入理论分析和实验测试还在进行中。

尽管我们最近在研究核糖核苷酸合成和无酶RNA复制等可能的前生命路径方面取得了一些进展，但思考生命始于祖核酸（后来才合成RNA）的可能性仍然是有意义的。当阿尔伯特·埃申莫瑟（一位终生未获得诺贝尔奖的伟大化学家，于 2023 年去世）证明，各种各样的人造核酸也可能是遗传聚合物时，人们对这种可能性的兴趣发生了显著提升。埃申莫瑟设计并运用化学方法合成了一系列具有非天然糖和糖磷酸键的核酸。令人惊讶的是，许多聚合物都表现出沃森–克里克–富兰克林碱基对的行为，并形成类似于DNA和RNA的双链。值得注意的是，其中一些聚合物甚至可以与RNA和DNA实现碱基配对，另一些聚合物则形成了不同的基团，这些基团的碱基可以相互配对，但不能与其他基团的碱基配对。这些结果立即引出了一个问题，即这些人工核酸是否可以形成另一种生命形式的遗传基础。

如何对这种可能性进行实验测试？这确实很难做到，因为我们无法创造和测试每一种可能性。但我们可以探索一些看似对前生命可行的情况。绍斯塔克实验室已经对两个这样的例子进行了详细研究，它们分别是ANA（阿拉伯糖核酸）和TNA（苏糖核酸），这两种聚合物都有可能存在于早期地球。ANA与RNA的区别仅在于它的2′-羟基在糖环的上方而非下方，TNA与RNA的区别则在于它缺少5′-碳。ANA和TNA的核苷酸构建块似乎是合成标准RNA构建块路径的副产物。如果这些非标准核苷酸与前生命环境中常见的核糖核苷酸被一起制备出来，会发生什么？实验表明，这两种核酸在模板复制方面的效率都低于RNA，因此它们在与RNA的竞争中失败了。然而，若RNA中混有这两种核苷酸，其RNA链也可以被复制。值得注意的是，复制过程会优先产生RNA。因此，循环复制的过程产生的几乎都是RNA的遗传分子。这是一个非常令人满意的结果，因为它至少部分解释了为什么地球上的生命始于RNA。不过，显然我们还有很多工作要做，因为到目前为止，我们只研究了一组RNA的替代品。

生长与分裂

细胞影响生物体的两个最重要的过程就是生长和分裂，因此我们需要回到关于原细胞膜的性质的问题。我们看到，脂肪酸和其他简单的脂质可以很容易地组装出双层膜。双层膜与现代细胞膜相似，但它的性质更适合原细胞，而不适合基于高度进化的蛋白质机制运行的高级细胞。原细胞必须依靠其自身的组成和结构的特性才能生存，因此可自发地让营养素进入并让废物排出的膜是必不可少的。

脂肪酸膜的高渗透性允许这种运输过程在没有任何进化产生的通道或孔的情况下发生。相比之下，现代细胞则将其基因组的很大一部分用于编码介导生长和分裂的蛋白质。原细胞真的只是根据环境的物理输入而生长和分裂吗？令人惊讶的是，实验表明答案是肯定的。而且，似乎有多种不同的生长和分裂方式。

脂肪酸物理学最优美的一个方面就是，它们能够根据所处环境的性质而采用不同的结构。脂肪酸在酸性溶液中形成油滴，在碱性溶液（氢氧根离子的浓度高于氢离子浓度的溶液）中则聚集成微小的胶束。胶束只有几纳米宽，由非常动态化的组件构成（每个组件大约由 10 到 100 个分子组成）。只有在中等pH值（酸碱度）的环境（如通常呈弱碱性的溶液）中，脂肪酸才会组装出双层膜，用作原细胞的边界结构。正是这种能结合成不同相的特殊能力，为喂养囊泡奠定了基础，使它们能先生长后分裂。我们将仅在pH值大于 10 的情况下性质才稳定的胶束（碱性溶液）加入pH值较低的囊泡悬浮液后，胶束中的脂肪酸分子倾向于整合到预先存在的双层膜中，然后成片地生长。如果囊泡由单个膜界定，表面积的增大就会使膜的形状发生剧烈波动，最终导致亲代囊泡中长出较小囊泡。因此，仅仅用更多的组分分子喂养囊泡，就可以直接引发生长和分裂，而不需要进化机制。如果亲代囊泡是多层囊泡，其生长和分裂模式就会发生令人惊讶的变化。在这种情形下，最外部的膜层首先开始生长。由于膜层之间的体积很小，外膜最初会呈细长的管状，其长度和厚度会逐渐增加。随着时间的推移，膜层交换材料，最终变成多层长丝状结构。这种细丝非常脆弱，轻微的剪切力（如风吹过池塘表面）就可能导致细丝碎裂成子囊泡。重要的是，在任何一种生长和分裂模式下，囊泡内容物都不会泄漏，因此在整个生长和分裂周期中，

RNA等遗传分子都保存在囊泡内。

有了胶束的加入，现在我们可以推测允许原细胞生长和分裂的地球化学环境的类型。首先，我们可以想象原细胞存在于池塘，被风搅动，并因周围岩石中的化学物质而保持在微碱性的环境中。然后，我们设想一个脂肪酸积累的位点。这也许是在一个碱性较强的池塘中，这样一来脂肪酸就会以胶束的形式存在。如果这个胶束储库外溢（比如因为降雨），胶束就可能会流入含有原细胞的池塘，使原细胞得以生长和分裂。虽然这种情况完全不可能发生，但它确实看起来相当符合人为的要求。那么，有没有一种更简单的方式来实现生长和分裂呢？的确存在这样的有趣过程：通过原细胞之间的竞争就可以驱动原细胞的生长。这种现象的物理基础是，如果周围溶液中的溶质较少，含有高浓度溶质（如RNA）的囊泡就会发生渗透性膨胀。也就是说，水进入囊泡，"试图"将囊内部的RNA稀释到与囊泡外部相同的浓度。由于RNA不能穿过膜，内部压力增加，导致球形囊泡膨胀。这种情况大致稳定，除非同一溶液中有其他囊泡含有较少的RNA（或没有RNA），导致膨胀程度较低或根本不膨胀。如果是后一种情况，令人震惊的事情将会发生。脂肪酸是单链脂质，它们没有被有力地锚定在膜内，所以它们可以很快地离开膜并重新进入相同或不同的膜。这个过程使脂肪酸分子可以在囊泡之间移动，脂肪酸进入囊泡的膜后，肿胀囊泡的表面积往往会增大。与此同时，不那么肿胀或较为松弛的囊泡在失去脂肪酸后往往会收缩。因此，含有较高浓度RNA的囊泡以牺牲含有较少RNA的相邻囊泡为代价实现生长。这种竞争性生长模式意味着，原细胞内RNA复制速率的增加会促使自身膜的生长，代价是牺牲那些膜内不发生RNA复制或复制得很慢的囊泡。这是一个很好的例子，说明RNA复制和膜生长之间的联系纯粹是基于物理原理，而不是生物学的进化机制。然而，这里仍然存在一个复杂的问题。渗透驱动的生长意味着生长的囊泡因发生肿胀而呈球形。但球形囊泡很难分裂，因为没有足够的表面积来产生相同体积的子囊泡。因此，分裂的发生需要大量的能量来挤压球形囊泡，从而导致一些囊泡内容物的损失，除非有其他事情能减小囊泡体积。事实证明，这样的事情很容易发生，如周围水体中突然涌入盐或其他小分子。这会导致水离开膨胀的囊泡，囊泡的体积因此缩小，但其表面积保持不变。如上所述，这将导致膜的波动、形状变化和分裂。

为了组装一个功能齐全的原细胞，我们还需要完成一个步骤：将RNA复制和囊泡复制的不同过程结合起来。这里，我们将面临多重问题。虽然这些复杂问题各有一些可能的解决方案，至少原则上如此，但到目前为止，这些障碍仍未被清除。其中，最直接也最紧迫的是系统级（System-level）的相容性问题。例如，RNA复制过程需要较高浓度的二价阳离子（如镁离子），但这会导致脂肪酸膜迅速遭到破坏，如前所述。到目前为止，我们已经发现了两种针对不相容性的解决方案。第一种是让螯合分子结合镁离子，一个非常有效的例子是柠檬酸盐，它能很好地结合镁离子。事实上，柠檬酸镁是膳食镁补充剂的常见成分。作为RNA模板复制过程的催化剂，柠檬酸镁复合物仍具有活性，而且有趣的是，脂肪酸膜不受复合镁的影响。由于柠檬酸盐能保护膜免受破坏，在存在柠檬酸盐的情形下，脂肪酸的囊泡内部也可进行模板复制。尽管这个结果令人鼓舞，但前生命环境中具备充足柠檬酸盐的可能性微乎其微，而其他合理替代品在保护膜方面的效果较差。紫外线照射含碳酸盐和亚硫酸盐的湖水所产生的羟基和酮酸混合物，可能会提供部分保护，但也必须有其他因素发挥作用来解决这种不相容性。另一个解决方案来自膜稳定分子。例如，化学家萨拉·科勒、罗伊·布莱克和西雅图华盛顿大学的合作者最近的研究表明，核糖和腺嘌呤等核苷酸成分可以稳定脂肪酸膜。前生命环境中的化合物可能使膜保持稳定，这表明这些效应与离子络合物的结合至少可以部分解决相容性问题。

我们可以以一种完全不同的思路考虑RNA复制过程与膜的相容性问题，即考虑膜的其他组成方案。虽然脂肪酸是现代双链磷脂的关键成分，但脂肪酸与磷脂的中间体在前生命环境中也是有可能存在的。长期以来，脂肪酸的甘油酯和相关的脂肪醇一直与脂肪酸混合使用，以产生更坚固的膜。如果在脂肪酸甘油酯中加入磷酸盐，我们就会得到溶血磷脂；这些分子是洗涤剂，一旦浓度过高，就会溶解膜。然而，在存在磷酸盐活化化学物质（与RNA复制所用的活化化学物质相同）的情形下，磷酸盐将会发生环化，所得的环磷脂具有非常有趣的性质。环状磷酸盐只有一个负电荷，它与镁离子间的相互作用很弱，因此含有大量环磷脂的膜往往对更高水平的镁离子具有抗性。这似乎是相容性问题的一个潜在解决方案，但不幸的是，事情并没有这么简单。为了使原细胞无限繁殖，它们的膜组分必须保持不变。然而，环磷脂在高pH值下不会形成胶束，因此我们不可能直接用环磷脂给原细胞喂食。一种有吸引力的可能性是，我们可以先用脂肪酸或溶血磷脂喂养囊泡，然后使它们在膜中转化为环磷脂。脂肪酸还有其他替代品，但也都面临类似的问题。例如，在具有相似疏水表面积的情况下，短链磷脂可能与长链脂肪酸膜一样具有动态性。

最重要的问题显然是，我们需要对脂肪酸及其替代品在前生命环境中合成的合理路径进行更多的研究。这是一项令人兴奋的前沿研究课题，因为其目标是对如何维持原细胞种群，同时避免RNA复制过程和膜特性之间的不相容性给出解释。

我们在本章对实验景观进行了详细的描述，目标就是要证明，通过考虑膜的生长和分裂的物理过程及RNA复制的化学过程，我们已经为早期地球上第一批细胞的性质建立了合理但尚需完善的模型。现在绝不是下定论的时候，需要填补的细节还有很多。然而，目前的模型是基于大量的实验工作建立的，并得到了合理的理论支持。如果我们暂时愿意接受原细胞模型的大致框架，我们就可以开始思考现代细胞关键特征的进化路径，这些特征始于生命起源的共同祖先（LUCA）。这些特征包括由较复杂的脂质组成的细胞膜，以及控制所有细胞内外分子运输的各种嵌入式蛋白质。第二个关键特征是复杂的代谢反应网络，它产生了细胞所需的许多（如果不是全部）营养物质。此外还有RNA编码的蛋白质合成，它与蛋白质酶、膜蛋白和细胞骨架（帮助细胞保持形状和功能的结构）的产生息息相关。在这里，我们将简要概述这些生物学标志性特征可能的进化情形。

关于原细胞如何竞争有限资源的一个特别有吸引力的模型，就是核酶介导的双链脂质（类似于现代膜磷脂）的合成。绍斯塔克实验室所做实验表明，在原细胞的脂肪酸基膜中存在少量此类脂质，可以通过窃取不含磷脂的相邻囊泡中的脂肪酸来促进此类囊泡的生长。这种效应的产生是因为脂肪酸分子在含有少量双链磷脂的膜中被更牢地固定，致使脂肪酸分子从膜逃逸到周围溶液中的速度较慢，但它们是以相同的速率进入膜，所以膜会膨胀，而周围的纯脂肪酸膜会收缩。这种物理效应的一个重要含义是，如果一个原细胞进化出可以催化磷脂合成的核酶，其邻居可能就会为此做出牺牲。这种竞争优势有助于这些磷脂制造的细胞接管并主导本地的原细胞群。然而，一旦原细胞的后代接管了种群，它们的选择性优势就会减弱，因为所有细胞都会制造磷脂。自此，一场有趣的进化军备竞赛便开始了。原因是，如果一个细胞能比周围细胞制造出更多磷脂，它就会具备竞争优势，并且可以通过从邻居那里吸收脂肪酸来实现生长。这种竞争将使磷脂合成机制的效率逐渐提高，也会使细胞膜中磷脂的丰度增加。然而，越来越多的磷脂很快就会对细胞的生理机制产生强大的影响，无论是积极的还是消极的。含有大量磷脂的脂肪酸膜对极性和带电溶质的渗透性将会降低，于是，通过从环境中吸收核苷酸等营养素而存活的原细胞将慢慢停止这样做，或者更确切地说，随着膜磷脂含量的增加，营养素的吸收速度将逐渐变慢。另一方面，膜通透性的降低为进化中的细胞创造了新的可能性，因为内部代谢反应最终可能变得对细胞有利，细胞内合成的分子将不再快速泄漏并供给邻近细胞。相反，内部代谢路径可能有利于催化代谢反应的核酶细胞。或者，细胞将进化出专门的系统来摄入所需的营养。因此，膜通透性的降低会造成两种新的选择压力，一种用于细胞内代谢反应的进化，另一种用于膜转运机制的进化。

新陈代谢的进化必须一步一步地进行，每一步都提供了选择性优势。实现这一目标的合理方式之一是借助新核酶的进化，每种核酶都能催化细胞即将耗尽或难以获得的某种化合物的合成。由于新核酶将由细胞的RNA基因组编码，这种进化过程可能会分阶段进行。对可以编码额外核酶的扩增基因组，早期的要求可能是提高基因组复制的速度和准确性。随着外部环境中核苷酸来源的枯竭，利用简单和更容易获得的原料分子增加活化核苷酸的内部合成将是有益的。我们还不能确定仅以RNA作为催化剂的这一过程能走多远。很明显，在某个时候，生命将进化出合成有用肽的能力，并逐渐合成更多、更活跃的酶。但这又需要对肽合成进行编码的能力，而遗传密码的进化仍然是早期进化的一大谜团。我们认为这一过程也经历了多个步骤。一些最丰富、最容易制造的氨基酸可能最先被纳入遗传密码中，而生物合成路径更复杂的氨基酸可能后来才被整合到遗传密码中。这一假设与这样一个事实是一致的，即最容易制造的氨基酸往往具有最强的密码子–反密码子配对（位于转运RNA和信使RNA的遗传密码的三个核苷酸单元之间），并且占据着密码子家族盒（4 个密码子的不同组，它们都编码相同的氨基酸）。除此之外，氨基酸和密码子之间的关系似乎是随机的，因此在某种程度上，整套遗传密码可以被视为确定性路径和尘封历史意外事件共同作用的结果。

由此引出了下一章的主题：地球生命的起源与地球本身的形成和演化之间的关系。

第 6 章

温暖的小池塘：从天体物理学和地质学到化学和生物学

自然力以一种神秘的方式发挥作用。从类似事件的已知结果推断出未知结果，只有这样，我们才能解开这个谜团。

圣雄甘地，《灵魂的力量》

通过同位素测年我们知道，地球形成于大约45.4亿年前，因此深入了解早期地球的情况是一个严峻的挑战。幸运的是，除了地球自身的地质记录和从太阳系其他天体（特别是火星和金星）的研究中获得的信息外，我们还可以通过对许多恒星周围的原行星形成过程的天文观测，了解地球是如何诞生的。基于哈勃太空望远镜（HST）、詹姆斯·韦伯太空望远镜（JWST）和甚大望远镜（VLT）等观测设施提供的令人惊叹的多波段图像和详细光谱，以及阿塔卡马大型毫米波/亚毫米波阵列（ALMA天文台）提供的极其丰富的数据，我们可以亲见巨大的气体和尘埃分子云如何在重力作用下凝结，并在新生恒星周围形成原行星的致密星盘。这些星盘成为行星诞生的温床。天文学家利用光谱观测数据绘制这些星盘的化学成分图，也变得越来越常见了。事实上，研究人员走得更远。行星和大气科学家、天体物理学家和地质学家在将现有的大量观测数据与复杂的计算机模拟结果相结合后，能够给出行星形成的动态图像（尽管只是部分图像）。JWST具有惊人的红外视觉能力，通过穿透一些不透明（不透可见光）的宇宙尘埃，它为我们提供了一个观测恒星和行星诞生的前所未有的视角。ALMA天文台和JWST的观测范围涵盖了离主星较远的行星和离主星较近的行星。

然而，关于地球的早期历史，仍然有许多问题不能仅仅通过观察太阳系的其他行星来回答。例如，一个核心问题是小行星撞击地球的确切历史。小行星是太阳系形成早期留下的岩石残骸。已知的小行星有 100 多万颗，其中约 60 万颗有明确的运行轨道。这些太空碎片中的大部分都在火星和木星之间绕太阳运行。木星的引力阻碍了更大的天体形成，于是就形成了主小行星带。目前观测到的小行星的直径从大约 584 英里[①]（被归类为矮行星的谷神星）到大约 33 英尺不等。

从地球和月球具有相同同位素组成这一事实可知，地球曾经达到其全尺寸（大约在 45.2 亿年至 44.2 亿年前），后来遭到一个火星大小的天体（被称为“忒伊亚”）的致命撞击，掉落的那部分碎片就形成了月球。与此同时，这次撞击熔化了地球的外壳，形成了一片岩浆海洋，可能经历了数千万年的时间才得以冷却和固化。这种说法几乎成为定论。撞击也可能改变了金星的自转（金星自转的时间比它绕太阳公转的时间长）。但当涉及撞击对地球表面影响的细节问题时，不确定性逐渐增加。根据对月球表面陨石坑的测年，研究人员得出结论，早期地球一定受到了更多的猛烈撞击。然而，撞击物的精确尺寸范围及撞击的速度和时间仍然没有定论，这些撞击对早期地球的影响也是如此。虽然一些科学家提出，大约在 41 亿年至 38 亿年前，地球遭受了“晚期重轰炸”（LHB）——大量小行星和彗星（由冰、尘埃和岩石组成的雪球）与早期地球相撞——但也有人认为 LHB 从未发生。LHB 假说的证据来自阿波罗号宇航员从月球带回的

① 1 英里≈1.61 千米。——编者注

岩石样本。这些岩石的同位素测年结果表明，它们是在相当短的时间间隔内熔融的（受到撞击）。那些对LHB假说持怀疑态度的人认为，月球受到撞击的年龄分布图的尖峰是一种统计上的偶然，是因为宇航员只对某次大撞击中散落的岩石进行了采样造成的。这些科学家认为，与其说是晚期的猛烈轰炸，不如说是在大约 44 亿年前结束的一场早期猛烈轰炸，此后地球经历了大约 20 亿年的长期轰炸，但轰炸率持续下降，直到今天。这些细节之所以重要，是因为它们对确定地球何时变得适合居住及何时可能出现生命具有重要影响。地球可能遭遇了一些巨大撞击，地壳的一部分被融化，大多数（如果不是全部）已经萌芽的生命被摧毁。另一方面，较弱的撞击可能会产生相反的效果。撞击可能会暂时形成一种还原性气氛（含有氢气和氰化氢等还原性气体），正如我们在第 3 章看到的那样，这更有利于生命的起源，因为氰化物是化学合成生命基石的极好原料。小行星撞击也可能带来铁等金属，以及磷和硫等生命不可或缺的其他元素。即使是地球上的大部分水（根据一项模拟，可能多达当今地球表面海洋总水量的 8 倍），也可能是由早期撞击造成的。少量与前生命相关的化合物，如氨基酸和组成RNA的含氮碱基，也会从某些类型的陨石中释放出来。即便是较小的撞击也会产生与地热活动相关的陨石坑，导致温泉、富含矿物质的池塘和湖泊区域的形成。正如我们之前所述，这些区域可能是生命出现的理想局部环境。因此，当谈到生命时，它既可能是小行星带来的，也可能是被小行星夺走的。一段有趣的插曲是，1992 年，纽约州皮克斯基尔的米歇尔 · 克纳普以 300 美元的价格买了一辆车。后来这辆车被一颗小型陨石完全摧毁，而她以 25 000 美元的价格把它卖给了一位收藏家！

地球的早期历史向天体物理学家提出了另一个难题，即“暗淡太阳悖论”。这个悖论源于在西澳大利亚的杰克山发现的微小锆石晶体，该晶体可以追溯到大约44亿年前。对锆石中不同的氧同位素比率的分析表明，即使在地球极早期，地球表面或其附近也存在液态水。这一悖论是指，恒星演化模型的预测与液态水存在的证据之间有明显的矛盾。恒星演化模型告诉我们，太阳在那个时期的光度比目前低约30%。对于如此微弱的太阳，它提供的辐射加热非常低，所以地球上的所有地表水都应该是冻结的固态，生命也就不可能出现和发展。

虽然如何解决这个暗淡太阳悖论仍不确定，但普遍认为它可能是由多种效应共同作用所致。在地球早期大气中，二氧化碳（可能还有一些甲烷）等较高浓度的温室气体的存在可能阻止了水被完全冻结。火山喷发肯定会释放出二氧化碳，对27亿年前陨石成分的分析结果为这种情况提供了有力证据。数据显示，当这些陨石穿过地球大气层时，它们与富含二氧化碳（二氧化碳可能高达70%）的气体混合物相互作用。其他有可能阻止地球冻结的因素如下：第一，地球可能将较少的能量反射回太空；第二，小行星撞击的频率在45亿年前很高（无论晚期重轰炸是否真的发生），从而产生足够的热量去融化冷冻水，至少是部分融化；第三，由月球施加的潮汐力造成了地球的内部推拉并产生热量，月球刚形成时与地球的距离比现在更近。

暗淡太阳悖论在火星上造成的问题更加严重，“毅力号”火星车和其他机器人采集的数据表明，在37亿年前甚至更早的时候，火星表面就存在液态的湖泊和流动的河流。也许只有在“毅力号”收集的样本于21世纪30年代返回地球并加以分析后，这个悖论才能得到解决。暗淡太阳悖论提出的另一种关于地球生命和地外生命的可能性也许更有趣。巴黎动态气象实验室的大气科学家马丁·特贝特在 2021 年提出，如果我们的太阳在大约 45 亿年前的光度为目前的 92%~95%，地球大气中的水蒸气就不会凝结成液态水。我们会拥有一个“蒸汽地球”，而不是一个“雪球地球”。换句话说，暗淡太阳悖论可能是一种祝福，而不是诅咒，它是地球生命出现的必要条件！相比之下，特贝特的模型预测，金星的温度永远不足以支持液态水的存在。好消息是，这一预测可能很快就会得到检验。美国国家航空航天局计划在 2030 年前向金星发射两艘宇宙飞船，欧洲航天局也将发射一艘。美国国家航空航天局的达芬奇（DAVINCI，“金星深空大气层的稀有气体、化学和成像调查”）计划，就是要让探测器深入金星大气层以确定其不同高度的成分。通过这种方式获得的化学数据，将为确定金星过去是否存在海洋提供有意义的线索。此外，其他两项计划使用的金星轨道飞行器——美国国家航空航天局的维利塔斯（VERITAS，金星发射率、无线电科学、干涉雷达地形测量、地形和光谱学）和欧洲航天局的远景（EnVision）——会对金星表面进行测绘，并将结果用于对金星气候模型的校准和检验。在第 7 章，我们将对有可能孕育出生命的金星做进一步研究。

上述简短讨论的目的是明确的。通过融合地球地质和大气历史的发现、对太阳系其他行星的探索、对正在形成的系外行星系统的观测、对陨石撞击地球的研究、数值模拟，以及最近一些样本返回任务（来自对小行星和彗星的访问）的数据，我们可以像玩拼图游戏一样，逐块构建出一幅关于地球如何形成及生命起源的初始条件的图像。

然而，随后我们又遇到了一个障碍——地球的“失踪年”。问题就在这里。地球最外层的岩石圈破裂成大块，被称为板块构造，包括 7 个主要板块和 10 个次要板块。由于地核的外部是熔融的（地表下的热地幔呈部分流动状态），这些构造板块会缓慢地移动，有时也会碰撞，甚至在俯冲过程中相互挤压到地表之下。地球表面的大块区域在俯冲过程中不断循环——一块在另一块的下方滑动并下沉，直到融化。数十亿年来，这一活动抹去了地球早期历史的所有痕迹，也抹去了我们最感兴趣的环境——那些促使生命起源的环境。因此，在我们的头脑中，重新创造这些前生命条件需要仔细整合几方面的证据。例如，根据在现代地球上可以观察到的现象进行的推理，严格的计算机模拟结果，特别是对火星表面的详细研究。研究火星之所以如此重要，是因为火星上存留了大部分已在地球上缺失的记录（正如我们将在下一章看到的，火星缺乏板块构造）。在这方面，毅力号火星车在火星上的成功着陆给人们带来了很大的希望。将毅力号和之前的火星着陆器、轨道器收集的所有信息整合在一起，有助于我们揭示遥远的过去，同时大力推动对目前前沿研究未解开的谜题的探索。

从地质学转向化学前沿，我们经常收获的一条重要教训是，进步可能会受到我们先入为主的观念阻碍。因此，突破必须依赖于一种新的思维方式。有趣的是，这一事实有时被称为“普朗克原理”，因为量子理论的创始人、物理学家马克斯·普朗克曾写道：“一个新的科学真理并不是通过说服对手并让他们看到光明来取得胜利的，而是因为它的对手终将死去，熟悉它的新一代人也会成长起来。”有一个例子表明了误解的阻碍作用：前生命化学总是被我们尚无法再现早期生命物质所需的化学环境所阻碍。它涉及生命起源研究史上最著名的一个实验——米勒–尤里实验。

毫无疑问，米勒–尤里实验代表了一项重大突破，它在相对简单的化学装置中制备出与氨基酸密切相关的分子。但如果更仔细地研究这一实验结果，我们就会意识到，它产生了多达数千乃至数万种化学物质。这绝对不是我们研究生命起源乐见的结果。相反，我们只需要几种高浓度的关键化学物质。显然，这项实验结果缺失了一些非常重要的东西，又或者只是错过了。过去 20 年取得的重大相关进展（我们在第 3 章和第 4 章详细描述了这些进展）揭示了这种颇具成效的化学路径的蓝图。但它也有其非常特殊的要求。例如，我们解释了它是如何由紫外辐射提供能量并驱动的。一方面，这听起来前景光明，因为我们知道年轻恒星会发射出大量的紫外线；另一方面，它也提出了一个问题：这种高能辐射可能会迅速破坏构建生命所需的分子。令人惊讶的是，事实证明，观测、实验和建模的结合给出了一个惊人的答案：最具潜在破坏性的高能紫外辐射会被地球大气层过滤掉。相比之下，中等能量的紫外线（能刺激正确合成反应的紫外线）则可以穿过大气层，加速生命所需的化学反应。

这一重要的认识让我们迈出了有力的第一步，但这也意味着，紫外线只有在不被厚厚的碳氢化合物颗粒雾阻挡的情况（如土星的卫星土卫六的情形）下，才能到达地球表面。如果地球的大气层真的由氢、甲烷、氨和水组成，那么就像米勒-尤里实验所展示的那样，厚厚的霾肯定会覆盖早期的地球。然而，最近的研究表明，地球早期大气层的组成成分与现在完全不同，最有可能的主要成分是二氧化碳和氮气，此外还有微量的氢气和其他气体。这样一来，就导致了另一个问题：在这种由稳定气体主导的大气中，很难合成超过痕量的氰化物（这对生命的起源至关重要）。最近的一个模型表明，有一种方法可以让我们两者兼得：正如我们上面讨论的那样，中等大小的小行星撞击可能会产生一个由氢、氮和甲烷主导的大气层。当这种更具反应性的气氛持续存在时，就可能会产生大量的氰化物，随后它们被捕获并以亚铁氰化物盐的形式储存在地表。之后，一旦还原性气氛消散，大气成分就会再次以火山释放的二氧化碳为主，这时任何霾都将消失，中等能量的紫外线也会再次到达地球表面。光化学的优势、年轻太阳发出的辐射光谱和早期地球大气层的可能性质这三者之间存在显著的一致性，这表明我们至少应该重视这一有前景的框架，同时继续寻找其他支持性证据。我们还应该在探索太阳系其他天体和系外行星上存在生命的可能性的同时，努力实现这种自洽的情况。

这一看似明晰的观点——行星环境和导致生命出现的前生命化学必然相容和自洽——对任何模型都是一种强有力的约束。此外，我们在概念上向前迈出的重要一步是，认识到化学分析可以告诉我们一些关于环境的重要信息，对潜在环境的批判性检查可以教会我们研究生命起源所需的化学知识。正是这种通过推断得出的令人惊讶的联系，使我们产生了对早期地球的广泛而全面的看法，并使我们推测出生命可能的诞生地。

生命的出现

如果确切知道早期地球上何时出现了原始生命，我们就可以缩小生命首次从年轻地球的化学物质中萌发的时间窗口。因此，寻找地球上最早出现的生命，这是一项持续的努力，且极具挑战性。部分原因在于，地球上留存的古代地壳很少，最古老的岩石几乎都被地壳板块的俯冲破坏殆尽。此外，地球表面仅存的几个非常古老的区域也已经被亿万年的高温和高压“折磨”得面目全非，摧毁了里面仅存的一点儿可作为证据的岩石。更糟糕的是，令人惊讶的各种非生物过程可以构建看起来非常逼真的微观矿物结构。但仅凭某物看起来像微生物的化石，并不能证明它真的是。在对古代岩石中发现的可能结构进行解释时，我们需要非常谨慎。那么，地球上生命起源的最古老证据到底是什么？

可以说，早期微生物存在的最好也最坚实的证据（可以这么说）被保存在名为叠层石的坚硬分层结构中。当黏性的微生物垫将沉积物捕获并结合成层状结构后，叠层石便形成了。随着矿物在这些层内沉淀，便会产生持久的特殊分层结构，通常呈圆形或有圆顶的圆锥形。今天我们可以观察到的叠层石大都在海洋的浅水环境中。在地球上的几个地方，人们发现了保存完好的25亿年前的叠层石化石，但最古老的叠层石化石在西澳大利亚。这些化石可以追溯到大约 35 亿年到 34 亿年前。几十年来，澳大利亚天体生物学家马丁 · 范克拉尼多克及其同事和学生对这些化石进行了深入研究。由此我们可以确信，在地球形成不到 10 亿年后，浅海环境中就广泛存在着生命。然而，10 亿年是一段很长的时间，几乎占我们星球历史的 1/4。在我们确信生命存在后，我们能做得更好吗？

不幸的是，目前我们为获得关于早期微生物生命的证据而付出的所有努力都具有争议性。在澳大利亚、格陵兰岛和南非的古代岩石中发现的细胞状微化石，其外壁由含碳和氮的有机物组成。但那些最古老的化石（37 亿年至 34 亿年前）到底是真正的微生物化石，还是只是非生物结构，目前尚不清楚。同样，在加拿大魁北克省的努夫亚吉图克绿岩带的一个古老热液喷口处，最初认为可能是 43 亿年前留下的微化石结构（由铁锈构成的细丝和管状物，外部包有石英层），现在普遍认为是非生物（与生命无关）矿物结构。另一个关于早期生命的证据与41亿年前的锆石晶体内石墨的碳同位素比值有关。然而，这种石墨碳现在被认为来自非生物源。尽管这些关于早期生命的说法都没有被普遍接受，但每一项努力都推动了用于探索这些微生物结构的技术发展。我们当然希望，技术的进一步发展有一天能为我们提供有关最早生命出现时间的确凿证据。

研究人员还采用一种完全不同的方法，推断早期地球上微生物生命存在的时间。这种方法应用了"分子钟"的概念。通过比较现代生物的基因组，并假设（一个很大胆的假设！）中性突变以恒定的速率发生，我们就可以推测地球生命的共同祖先（LUCA）的存在时间。LUCA兼具细菌、古菌和真核生物（细胞生命形式的三个领域）的生物化学特征，由此可以推断LUCA具有与现代微生物相似的复杂性，如DNA基因组、蛋白质合成的核糖体、多种蛋白质酶、复杂的代谢和进化的细胞膜等。因此，LUCA和第一代原细胞之间存在巨大的进化距离。但从最简单的细胞进化到LUCA所需的时间是完全未知的，因此这仍然是一个关键难题。关于LUCA的存在时间，虽然分子钟通常会给出一个非常早的年代（超过40亿年前），但由于进化速度可能存在很大差异，分子钟给出的结果具有相当大的不确定性。特别是，DNA复制的准确性在极早期必定较低，这将导致较高的出错率，分子钟在极早期走得也较快。这会给人一种古代生命极其古老的错觉。因此，除非可以获得新的更好证据，否则我们对生命起源的时间判断就会存在很大的不确定性。

除了时间问题，长期以来生命起源的研究人员一直在争论的另一个主题是，生命最初出现在地球的什么地方。查尔斯·达尔文提出了关于生命起源的合适位置和环境的第一个现代说法："温暖的小池塘，有各种氨和磷酸盐、光、热、电等。"尽管达尔文对核酸在遗传方面的作用一无所知，对组装核苷酸、氨基酸和脂质的化学过程也一无所知，但这一说法在许多方面都具有先见之明。小池塘允许生命成分通过蒸发浓缩，并允许紫外线推动基本化学物质向前发展。在随后的一个半世纪里，这个模型变得更加复杂，因为“温暖的小池塘”被放在了火山口或小行星撞击形成的热液活动区等更广泛的背景下，下面我们会对此做更详细的讨论。

但在讨论原生池塘的地球物理和地球化学背景之前，我们先讨论另一种关于生命起源地的模型，即大众媒体广泛讨论的深海热液喷口模型。我们之所以将深海热液喷口视为生命起源的合适地点，主要基于这样一个事实，即这些地方曾被现代生命切实地占据过。热液喷口位于深海地区，随着岩浆上升、冷却并填充构造板块之间的裂隙，新的地壳逐渐形成。由于海水穿过断裂岩石并循环，这些地方以氧化还原梯度（一系列还原–氧化反应）的形式提供了丰富的能量，并将还原的金属离子以热液的形式带到岩石表面。这些金属离子一旦被释放，就会与海水中的氧发生反应，并以金属氧化物和氢氧化物团的形式沉淀，“黑烟囱”一词就是这么来的。而截然不同的低温离轴喷口会将碱性水释放到酸性较强的海水中，再次提供了一种可被这些喷口处的丰富生命有效收集的能量。

然而，仅凭一个特定的环境被现代生命占领，并不能证明这个环境适合于生命起源。接下来，让我们简要地考虑一下生命起源的深海热液喷口模型。在碱性喷口被发现后不久，英国地质学家迈克尔·拉塞尔和德国杜塞尔多夫海因里希·海涅大学的微生物学家威廉·马丁提出，碱性喷口烟囱中的微孔隙可能起到了早期原细胞的作用，开启新陈代谢，最终发育成细胞。在这种“代谢优先”的模型中，由金属离子催化的简单化学反应导致了更复杂的代谢路径，“发明”了核苷酸、氨基酸和脂质的合成路径，最终组装出具有遗传功能的核酸和催化功能的蛋白质的细胞。不幸的是，从化学的角度来看，这种模型存在根本性缺陷。在没有RNA或蛋白质酶等强大催化剂的情况下，代谢路径和循环在化学上没有产生的可能，当然，这些催化剂是由达尔文进化过程中出现的核酸基因编码的。尽管进行了数十年的讨论，但没有任何证据表明深海热液喷口环境中发生了任何适用于前生命起源的化学反应，而只有这些反应才可能会导致核苷酸和RNA，或者氨基酸和肽，或者脂质和膜的生成。在缺乏合成生命组分所需的基本化学物质的情况下，将深海热液喷口视为生命起源地是一种彻头彻尾的误解。在这一点上，列出该模型的其他缺陷可以说多此一举，但为了完整起见，我们还是把它们列了出来。第一，化学家约翰·萨瑟兰及其合作者创造出RNA核苷酸和氨基酸的那些化学反应（如第3章和第4章所述），需要考虑允许原料以一定浓度存在的地质环境。这些条件在地球表面很容易满足，在那里，蒸发、结晶和冷冻等简单的物理过程会导致关键原料和中间体的浓缩，而这在大洋中是无法实现的，因为化学物质会被稀释和损失掉。第二，许多对生命起源至关重要的过程都是由紫外辐射驱动的，这意味着它们不可能发生在海底。第三，复杂多样的地球表面环境允许不同的化学过程在不同的地点和不同的时间发生，之后再结合起来，使生命之路的后续步骤得以实现。换句话说，生命的起源必须发生在陆地、小湖泊或池塘中，在这些地方，太阳既可以提供紫外线，又可以（在地热的帮助下）产生干湿循环、冻融循环，以及形成中间体储层。总而言之，关于生命起源的深海热液喷口模型是一个有代表性的例子，它说明了一种根深蒂固的误解是如何通过转移人们对现实情景的注意力并阻碍研究进展的，这种误解源于某个有趣的初步发现，尽管有很多相互矛盾的证据，但仍会一错到底。

现在让我们重新考虑 40 亿年前的多样性环境（和今天的一样）是如何促进生命出现的。你要记住的重要一点是，从一个没有生命的行星到出现最简单的早期原细胞，这个过程并不是一蹴而就的。许多要素必须齐备才能产生和维持生命，而这些不同的要素不会同时在同一个地方制备或发现。生命的不同成分是如何产生、积累和组装的，这仍然是一个让人痴迷的谜题，但现在我们已经看到了一些零星的碎片。碱性碳酸盐湖与达尔文的温暖小池塘相去甚远，但它们的特性使其成为生命起源早期至少两个步骤的理想选择。华盛顿大学天体生物学家乔纳森·托纳和戴维·卡特林的细致模型表明，这种湖泊经过漫长的时间将积累下亚铁氰化物，湖泊捕获大气中的氰化物，并形成氰化物储库。同样，湖泊也能够积累可溶性磷酸盐，这样它就可以作为pH缓冲液（即酸碱催化剂），组成RNA的核苷酸构建块。这些过程当然都不可能在海洋中发生。在沉积物中积累亚铁氰化物是建立关键原料氰化物储层的有效方法，但亚铁氰化物盐需要经过热处理才能产生更丰富的化学物质。在火山活动区域，熔岩会流过富含亚铁氰化物的干燥沉积物矿床，进而达到这一效果。陨石撞击产生的热量和压力可能也会产生类似的影响：使氰化物脱离铁释放出来，并将其中一些转化为富含能量的化合物，如氰胺和其他氰化物衍生物。随后，雨水渗透到破裂的岩石中，溶解其中的可溶性高能化合物，使地下水中的反应性原料分子达到饱和。然后，这些地下水将原料运送到池塘或湖泊中，使它们变得更像达尔文的温暖小池塘，正如他所说，池塘里充满了生命起源所需的磷酸盐和碳氮化合物。当这些原料暴露于紫外辐射的地表环境，并接触到硫化氢和二氧化硫等火山气体时，我们在第 3 章和第 4 章详细描述的

“硫氰根光氧化还原”过程可能就会开始，并合成核苷酸和氨基酸。

一旦局部地表环境中出现高浓度的核苷酸、氨基酸和相关化合物，干湿循环和冻融循环等物理过程就可以以多种方式促进更大、更复杂分子的组装。例如，活化的核苷酸可以通过部分脱水缩合成短链RNA，并产生浆液或糊状物，其中浓缩的核苷酸相互反应形成短寡聚体。同样，溶解在水中的活化核苷酸不会聚合，但如果溶液被冻结，就像冬季寒潮期间可能发生的那样，聚合反应就会发生，因为核苷酸会集中在生长的水冰晶体之间的薄液区。干湿循环还会促进肽的形成。一种有趣的可能性是，α–羟基酸在脱水后会自发地相互反应，形成聚酯。然后，氨基酸会攻击这些酯键，形成氨基酸和羟基酸的混合聚合物。在存在氨基酸的情况下，持续的干湿循环最终会产生短肽。另一种有趣的可能性是，在存在硫化物的情况下，溶解在水中的氰化物会水解产生甲酰胺。甲酰胺的挥发性比水低得多，因此，水的蒸发可能会留下主要（或可能完全）由甲酰胺组成的液体，而甲酰胺恰好是许多重要有机反应的极好溶剂。最后，我们之前讨论过这样一个事实，即RAO（核苷酸途径上的中间体）和CV–DCI（氰乙炔的储库形式）都能在水中完美结晶，这可能会使这些重要化合物的纯化储库在地表沉积物中积累形成。重要的是，所有这些相互关联的物理和化学过程只能发生在地表环境中，这强有力地间接证明生命起源本身是一种地表现象，它不可能发生在具有深海热液喷口环境的海洋中。这告诉我们，忽视产生和积累生命关键构建块的化学过程无法构建起生命起源的现实模型，也无助于增进我们的理解。相反，探索多步骤化学路径的模型可以帮助我们深入了解相关的地球化学环境，对相关地表环境的考虑反过来又可以帮助我们深入了解生命起源的现实化学过程。

如果现在我们考虑更高层次的过程，如非酶RNA复制及原细胞的生长和分裂，我们将再次发现，动态、涨落的环境是早期生命产生的必要条件。如果我们将现代生物学中酶催化复制的过程与简单原细胞中非酶RNA复制的过程进行比较，我们就可以看到为什么会出现这种情况。在现代生物学中，无论我们研究的是人类、细菌还是病毒的复制，复杂的酶都会利用"能量分子"腺苷三磷酸（ATP）来推动这一过程。所有酶复制过程的一个关键步骤是，利用ATP提供的能量将双链DNA的两条链分开，这样就可以很容易地复制单链。由于这个步骤，复制可以在恒温下进行，而不需要高温来分离双链。相比之下，在没有酶和ATP的情况下，生命起源期间发生的复制必须以截然不同的方式进行。实验发现，温度循环是实现这种看似矛盾的要求的方式之一。例如，链非常短的寡核苷酸只能在低温下与较长的模板链结合，这意味着短引物的延伸需要低温环境。然而，复制过程无法在稳定的低温环境中进行，因为链较长的寡核苷酸会"卡"在稳定的双链体中。这样一来，就需要高温来分离双链，从而促使复制的发生。因此，高温和低温动态循环的环境似乎是非酶RNA复制的必要条件。此外，RNA是一种相当脆弱的分子，长时间暴露在高温下会发生降解。因此，生命起源的环境大部分时间都是凉爽的，但也有短暂的高温期，便于双链的分离。值得注意的是，火山活动区的湖泊（如黄石湖）或小行星撞击坑（通常包含坑湖）恰恰提供了这样的环境。早期的细胞可能短暂地浸润在从这些池塘或湖泊底部的裂缝冒出的热水中，但如果它们接触到周围的冷水，就会立即冷却下来。换句话说，虽然现代细胞可以在稳定的环境中生存，但简单的原细胞需要一个不断变化的动态环境来驱动生长和分裂的循环过程。

令人惊讶的是，我们现在认为地球生命可能起源于一个与达尔文的“温暖的小池塘”非常相似的地方。根据我们的实验和观察，这个池塘或湖泊一定位于地球表面，它可能会受到紫外辐射，并且水中应富含某些矿物质和金属，如铁和磷酸盐。池塘还必须经历干湿循环，在此期间，关键化学成分可能会达到较高浓度。我们认为，符合地球生命诞生地要求的两个地方分别是火山地区的温泉和小行星撞击形成的陨石坑。尽管它们的起源不同，但这些环境都有很强的相似性，通过碎裂岩石的热液循环离子和化学物质被带到池塘或湖泊的表面，池塘岸边发生干湿循环，由喷口释放的热水羽流引起温度涨落。这些相似之处使得我们很难咬定哪种类型的地点更适合作为生命起源的摇篮。

当第一批复制的原细胞在一些有利的局部环境中站稳脚跟，并通过达尔文进化过程逐步适应这种环境后，接下来又会发生什么呢？据推测，最早的进化需要克服两大困难：非酶RNA的复制膜的生长和分裂。解决方案是，通过多种核酶的进化来提高这些基本细胞过程的效率和准确性。要促使这些核酶进化，就需要逐渐提高维持更大基因组的能力。反过来，这将导致新功能的进化，使这些原细胞能探索和适应它们最初无法存活的新环境。RNA世界的细胞（在进化出通过编码来合成蛋白质的细胞之前）在多大程度上可以传播到新的环境中，这一点目前尚不清楚。如果用RNA催化代谢是可能的，这些细胞就可以渗透到营养素贫乏的环境中，因为它们已经进化出在内部合成营养素的能力。很明显，随着蛋白质合成功能的进化，以及结构蛋白、膜蛋白和酶的出现，生命开始在地球上越来越多的地方传播。今天，几乎没有哪种环境没被生命占领过，甚至包括深海热液喷口等极端的环境。

从进化的角度看，生命适应新环境的能力对在太阳系其他地方寻找生命迹象具有重要意义。我们知道，围绕太阳运行的行星之间发生过物质大交换。例如，许多因撞击而弹射的火星碎片以陨石的形式降落在地球上。因此，大撞击产生的岩石喷射物很可能携带着微生物在行星之间传播。当我们开始探索岩石行星和气态巨星木星和土星的卫星时，寻找生命迹象是当务之急。但是，如果我们确实发现了生命，无论是现存的生命还是过去已灭绝生命的迹象，我们都必须有这样的思想准备：这些生命可能与地球生命有着共同的起源，而不是各自独立的起源。随着火星车技术能力的提高，在火星上寻找生命迹象变得越来越令人兴奋。例如，美国国家航空航天局的毅力号火星车故意降落在火星的杰泽罗陨石坑，因为有证据表明这个陨石坑曾经是一个湖泊，只是后来干涸了，它可能为新生命提供一个胚胎栖息地。另一方面，美国国家航空航天局 2024 年 10 月发射的“欧罗巴快船”，计划测试地表下海洋作为生命起源环境的可行性。它会调查木星的冰质卫星欧罗巴（木卫二），因为该卫星的冰壳下可能存在液态海洋。在第 8 章，我们将解释为什么至少在原则上这种地表下海洋可以为维系生命提供有利条件。关键在于，即使生命不能起源于浩瀚的海洋，一旦生物体到达那里，海洋也可以保护和维持生命。就欧罗巴的情况而言，生命可能是通过小行星撞击火星表面而喷射的岩石传播的。

在我们的银河系和银河系之外的宇宙中，生命是常见的还是罕见的？结论是明确的。当我们只掌握了一个例子时，想要严谨而全面地理解生命起源几乎是不可能的。这一现实迫使我们在地球之外寻找生命的迹象，或者至少要找到前生命的化学特征。

第 7 章

太阳系的其他行星上存在生命吗？

如果火星人以同样的精神作战，我们是否会像仁慈的使徒一样抱怨？

H. G. 威尔斯，《世界大战》

当然，我们首先应从太阳系的其他天体上寻找地外生命。与详细研究太阳系外的行星相比，远程研究或直接研究围绕太阳旋转的行星，甚至是围绕这些行星旋转的卫星要容易得多。原因很简单：太阳系的天体离我们更近。这种“近距离”使我们不仅可以用望远镜更好地探索太阳系的行星，还可以用探测器更好地探索这些夜空中的“流浪者”（古希腊人对行星的称呼），绕它们飞行，甚至（在某些情况下）降落在它们的表面进行原位观测和实验。

在所有太阳系行星（地球除外）中，人类一直认为火星最具吸引力，也最有可能孕育生命。对这颗红色星球的迷恋也激发了许多科幻小说家的灵感，包括“德国科幻小说之父”库尔德·拉斯维茨于1897年出版的《两颗行星》（*Two Planets*），多产作家H. G. 威尔斯的名作《世界大战》（*The War of the Worlds*，1898），埃德加·赖斯·巴勒斯的《火星公主》（*A Princess of Mars*，1912），以及雷·布拉德伯里的短篇小说集《火星编年史》（*The Martian Chronicles*，1950），等等。这些书讲述了在一个令人惊叹的世界——火星社会——发生的令人毛骨悚然的冒险故事，包括探索地球北极、激烈的战斗、精彩的剑术和对矿产资源的暴力争夺。毫无疑问，这些虚构的故事一方面受到火星与地球相似性的启发（例如，火星上的一天比地球上的一天约长 40 分钟），另一方面受到 19 世纪末错误信念的引导，即火星表面有一个精心设计的“运河”网络。但那些虚构的运河原来只是低分辨率望远镜产生的几何光学错觉。1858 年，意大利耶稣会牧师、天文学家安杰洛·塞基首次观测到这些线形物；1877 年，意大利天文学家乔瓦尼·斯基亚帕雷利将它们绘制成图。这两位天文学家用意大利语将它们描述为canali（意为“通道”，指其自然形态），但人们将这个词误译为“运河”，并错误地认为它们代表了由智慧生物设计和挖掘的先进灌溉系统。匪夷所思的是，美国商人、作家、天文学家珀西瓦尔·洛厄尔成为“运河”观念的狂热拥护者，他把职业生涯的大部分时间都用于证明火星上居住着智慧文明，这个观念也被许多民众拥护了大约半个世纪之久。事实上，本书两位作者都记得，在我们的小学时代，相当多的人都认为火星可以孕育出智慧文明。

令人着迷的是，地球生命进化的自然选择理论创始人之一阿尔弗雷德·拉塞尔·华莱士于 1907 年出版了一本书，他在该书中对洛厄尔的思想做出了深刻而严厉的批评，并言辞坚决地总结道：“火星上不仅没有洛厄尔先生假设的那种智慧生物，而且绝对是不宜居住的。”

20 世纪以来，天文学家越发怀疑火星文明的存在。但在 19 世纪末，仍有很多天文学家确信火星上存在生命，以至于当法国设立 10 万法郎的“皮埃尔·古斯曼奖”，以奖励第一个与其他行星通信的人时，与火星的通信被明确排除在外，因为这被认为太容易做到了！

令许多科学家和民众失望的是，太空探索时代开始后，所有关于火星的浪漫幻想都迅速破灭了。1965 年水手 4 号宇宙飞船返回的火星表面图像，以及后来更高级的后续任务——2008 年凤凰号着陆器和2012年好奇号火星车——返回的图像显示，火星只是一个寒冷、干旱、空旷的沙漠，像月球一样布满了陨石坑，拥有非常薄、气压极低的大气层。更糟糕的是，沮丧的科学家发现火星甚至没有全球磁场（只有较弱的局部磁化地壳）。换句话说，火星缺少地球的两个主要防御系统。地球大气层一方面使地球表面的平均温度保持在 14 摄氏度左右，另一方面保护地球生命免受来自太阳的有害紫外辐射和来自深空的高能宇宙射线的伤害。同样，地球的全球磁场通过偏转这些带电粒子使其远离我们的星球，保护地球大气层免受太阳风（太阳不断喷出的带电粒子）的侵蚀。

然而，即使有了这些清醒的认识，火星仍然是我们寻找太阳系地外生命的主要目的地，但人们的期望值有所降低，只是希望找到过去（或现在）微生物生命存在的证据。

火星就在那里，等待着地球人抵达

1969 年，巴兹·奥尔德林登上月球，执行阿波罗 11 号任务。从那时起，他一直在用本节标题的这句话来表达自己的雄心壮志。就像登山家乔治·马洛里以“因为它就在那里”作为激励他攀登珠穆朗玛峰的理由一样，奥尔德林又创造了一个励志语句。现在每当有人为某个明显不太合理的野心辩护，这句话几乎总会从他们嘴里说出来。埃隆·马斯克走得就更远了，他说自己想死在火星上，但“不是以被撞击的方式”。这对一些人来说可能是一个诱人的目标。例如，2015 年科幻电影《火星人》的巨大成功就证明了这一点，但它与科学界寻找地外生命关系不大。自 2021 年 2 月以来，美国国家航空航天局的毅力号火星车一直在 28 英里宽的杰泽罗陨石坑中工作。不可否认，它可能会错过一些人类地质学家不会忽视的惊人发现，但机器学习和人工智能技术正在飞速发展，传感器技术也是如此。因此从长远来看，智能机器人的太空应用是更安全、更便宜的探索方式。

我们之所以有充分的理由相信火星上可能存在（或过去可能存在）某种形式的生命，其中一个原因是，大约 45 亿年前，地球和火星都是由围绕年轻太阳的原行星盘上大致相同的气体和尘埃形成的。这意味着，至少最初火星上的成分与地球上那些被证明足以让生命出现的成分是相似的。其中包括水，它作为溶剂，可以使相关分子相互接触并使多种反应路径成为可能。以氢、氨和一氧化碳分子形式存在的基本有机物质构建块，可能在早期火星上也大量存在。在评估火星上过去存在生命的可能性时，让人持乐观态度的不仅是它上面存在生命的一些基本组分，还有许多证据表明最初的火星环境比现在更适合生命。首先，一些轨道卫星拍摄的照片显示，火星上错落地分布着河流、溪流和湖泊等液态水的清晰痕迹。毅力号火星车一直在探索的杰泽罗陨石坑的地理状况也表明，30 多亿年前，该陨石坑中的水量相当于一个塔霍湖，并且有河流流入其中。被冲入杰泽罗的大鹅卵石表明这里曾发生过大规模的洪水。这意味着早期火星表面存在液态水，而且可能至少存在了数百万年。这一证据表明，当时火星的大气层较厚，能够隔热，并使其表面的平均温度比目前（零下 62 摄氏度）高得多。较厚的大气层也可以保护火星地表免受短波紫外辐射的伤害，这种辐射会导致产生生命所需的复杂分子发生分解。顺便说一句，在火星上寻找液态水是研究这颗红色星球的长期主题。欧洲航天局于 2021 年 12 月 15 日宣布，他们的火星探测微量气体轨道飞行器发现了隐藏在水手号峡谷之下的“大量”

水，这个区域比地球大峡谷还要长 10 倍、深 5 倍。中国的祝融号火星车（2023 年发射）探测到埋在火星表面下约 115 英尺的不规则多边形楔形物，这可能意味着，大约在 37 亿年至 29 亿年前，火星上存在冻融循环，这为古代火星上存在液态水的判断提供了进一步的证据支持。

考虑到早在大约 35 亿年前，地球上就有生命活动的迹象，以及火星有非常相似的初始条件，因此我们可以想象，大约在 40 亿年前，类似的前生命化学过程可能已经出现在火星上了。正如我们在第 6 章指出的那样，像杰泽罗陨石坑中的湖泊，而不是浩瀚的海洋，最有可能成为生命起源的地方。因此，我们原则上可以在火星表面（或火星表面之下）发现与地球生命形式没有太大区别的微生物生命形式，或者至少是一些前生命的特征。这些潜在的发现将提供关于地球上生命诞生环境的宝贵线索（由于板块构造运动的历史删除作用，地球上已无法找到这种环境）。

但即使火星上确实出现过生命，它们显然也不像地球生命那样复杂。为什么这两颗行星在进化的道路上会呈现出天壤之别吗？要弄清楚为什么火星是一个如此荒凉的世界，地球上却有不少于 900 万个物种，我们必须更详细地研究这两颗行星之间的差异，而不是相似之处。

地球与火星之间的区别主要（直接或间接）源于一些物理特性，例如，行星的大小（火星的直径大约是地球的一半），行星的表面重力（火星的表面重力只有地球的 1/3，因为它的质量仅为地球质量的 1/10）。较小的行星冷却得较快，因为它们的表面积与体积之比更大，更容易散热。地球和火星最初都是熔融的，这是由行星形成时质量的引力吸积、小行星撞击地表和内部放射性衰变（例如铀、钍和钾的同位素）的共同加热作用所致。因此，它们早期的内部结构可能非常相似，其核心都由熔融金属组成，周围都包裹着岩石外层。正如我们之前提到的，有证据表明，这两颗行星在早期都有较厚的大气层（可能是由活火山所致）。但相似之处仅此而已。由于火星的引力较弱（地球上 100 磅[①]重的东西在火星上只有 38 磅重），而且缺乏全球磁场，太阳风中的高能粒子剥夺了火星的大部分大气层，到火星大约 10 亿岁时就只留下了一些二氧化碳气体。

从生命进化的角度看，这个后果是毁灭性的。例如，我们知道，随着大气压的降低，水的沸点会下降。火星目前的大气压强仅约为地球的 1/160，液态水无法在火星表面持续存在。也就是说，大气的损失不可避免地造成火星地表水的流失。矿物也可以提供线索，表明这颗红色星球的气候是如何从与地球类似演变为今天的冰冻沙漠的。美国国家航空航天局的好奇号火星车探测器于 2022 年秋天到达了一个“含硫酸盐的单元”。探测器还在这个地区发现了古老湖泊存在的证据——岩石上有被波浪蚀刻的痕迹。科学家推测，数十亿年前，随着液态水的干涸，溪流和池塘中留下了这些矿物质。黏土矿物，特别是页硅酸盐，是在火星上发现的一些最有趣的矿物，因为它们是水岩相互作用的指标。它们的类型、地点和丰度为我们探索火星的古代环境条件提供了线索，并提示我们今天可能在哪里检测到矿物结合水和生物的迹象。

另一个对复杂生命的发展（或缺乏）产生重要影响的因素可能是板块构造。20 世纪 50 年代，地质学家开始意识到，板块运动及随之而来的地壳持续循环会产生地震和火山活动（地球上的大多数火

① 1 磅 = 0.454 千克。——编者注

山都位于构造板块的边缘）。然而，与本书主题更相关的是，2015 年前后开始的一轮研究表明，板块构造可能对生命的出现和进化而言也至关重要（如下所述）。如果这是真的，那么这可能是地球充满生命而火星似乎没有生命的另一个原因。

关于板块构造在生命进化中的潜在作用的最新研究表明，板块构造确保了地球大气层的寿命及其对生命有利的组分。例如，板块构造可能在调节地球大气中二氧化碳浓度方面发挥作用，因此它可能在很长一段时间内充当着地球的“恒温器”（二氧化碳通过温室效应捕获地表热量）。简单地说，其运行机制如下：大气中的二氧化碳溶解在雨水中，由此产生的酸性混合物侵蚀岩石并流入海洋。岩石矿物中的钙与溶解的二氧化碳结合，在海底形成石灰岩。通过板块构造运动，石灰岩和其他矿物不断被带到俯冲带，在那里溶解，二氧化碳通过火山喷发释放出来并回到大气中。此外，在俯冲过程中，板块构造运动使海水在地幔中循环，使海底得以更新。

几十年来，行星科学家认为火星在地质上已经死亡。它的地壳被认为是由一个巨大的板块组成的，这种行星被称为停滞盖行星。虽然美国国家航空航天局的“洞察力”航天器（于 2018 年在火星上着陆）在 2022 年记录了 1 000 多次“火星地震”，但这些地震通常被认为是由火星冷却收缩导致火星地壳岩石断裂造成的。

长期以来，大多数地质学家都认为，即使火星在遥远的过去有过一些构造运动，它至少也有 30 亿年没有任何构造运动了。正如宾夕法尼亚州立大学的地球物理学家布拉德福德·福利所说：“有人认为，也许在很早的时候火星有板块构造运动，但我的观点是，它可能从来就没有过。”然而，在 2022 年 12 月发表的一篇论文中，亚利桑那大学月球与行星实验室的行星地质物理学家阿德里安·布罗凯和杰弗里·安德鲁斯–汉纳指出，火星探测任务的数据表明，地幔柱（从火星极乐平原地区的地壳下方向上运动的直径达 2 500 英里的热物质柱）正在进行构造运动，这表明火星在地质动力学上仍处于活跃期。原则上，这么热的地幔柱可能会导致火星表面以下至少有部分水呈液态（也就有可能存在地下生物圈）。

与此同时，我们注意到，福利认为板块构造运动不是维持生命的必要条件，至少在地球大小的行星上不是这样。在他与其地质科学家同事安德鲁·斯迈尔于 2018 年发表的研究中，研究人员用计算机模型表明，即使是（地球大小的）停滞盖行星也可以在数十亿年内保持适宜居住的二氧化碳水平（通过火山放气）。唯一的必要条件是通过放射性衰变产生足够的内部加热效果，以及初始二氧化碳含量不低于地球的 1%。因此，福利和斯迈尔得出结论，行星的初始组成和大小是设定宜居轨道的最重要特征。

所有这些和类似的研究让我们自然而然地想到以下问题：我们是否曾在火星上探测到过去或现在存在生命的迹象？奇怪的是，在一定程度上，这个看似明确的问题的答案取决于提问的对象。事实证明，火星多年来为我们提供了一系列激烈的争论和未解之谜。

火星属于火星人

关于火星生命的第一个有争议的结果出现在近 50 年前。1975 年，美国国家航空航天局在关键时刻成功地将两个生物实验搭载到两个相同的航天器（维京 1 号和维京 2 号）上，并在三周后将它们发射往火星。第一个着陆器于 1976 年 7 月 20 日在火星北半球的克律塞平原着陆，第二个着陆器于 1976 年 9 月 3 日在距前者 4 000 英里外的乌托邦平原着陆。除实验任务外，两个着陆器还尝试在火星土壤中寻找微生物生命的迹象。出人意料的是，在两个着陆器上进行的生命探测实验都产生了极具争议性的结果。其中一项名为“标记释放”（LR）的实验基于一个被广泛接受的概念，即新陈代谢是生命的普遍特征。因此，这项实验将火星土壤与含有放射性碳的营养素混合在一起。人们的预期是，微生物（如果存在）会通过新陈代谢的化学反应产生放射性气体。令人惊讶的是，维京1号的LR实验确实表明，火星土壤的新陈代谢检测呈阳性，这意味着火星上可能存在生命。然而，在同一航天器上进行的第二次平行实验却没有发现火星土壤中有机物的存在痕迹，这表明火星上完全不存在任何基于有机物的生命。向土壤样本中第二次添加营养素没有导致标记的二氧化碳释放，这个结果表明火星土壤中含有的是氧化剂而不是生命。维京2号着陆器上的实验也得出了非常相似的结果。我们从所有这些结果中得到的最重要的教训是，人们很容易被看起来像生命但实际上不是生命的假阳性信号所愚弄。

尽管大多数研究人员将LR实验的阳性结果归因于火星土壤中存在一些未知的非生物氧化剂，但近50年来，科学家仍无法完全明确地调和相互矛盾的结果。尽管普遍的共识是维京号着陆器并未发现火星上存在生命的令人信服的证据，但一小部分科学家仍然认为，维京号的实验结果证明了生命的存在。2012年，由锡耶纳大学生物学家乔治·比亚恰尔迪领导的一个国际科学家团队，利用“聚类分析”技术分析了LR实验的结果。他们的结论是：“该分析可以支持维京号LR实验确实检测到火星上存在微生物生命的结论。”LR实验的首席研究员吉尔伯特·莱文及其同事、生物化学家帕特里夏·安·斯特拉特一直坚信，他们的实验发现了火星生命。在2016

年发表的一篇论文中，他们总结道："火星生命存在的可能性很大，对LR实验数据的非生物解释并不是决定性的，而且……生物学仍应被视为LR实验的一种解释。"莱文于2019年发表在《科学美国人》上的一篇评论文章中进一步强调了这一结论，他说："应该对维京号LR实验的所有数据及其他有关火星生命的最新证据进行专业审查。这样的话，专家小组可能会像我一样承认维京号的LR实验确实发现了生命。"可悲的是，斯特拉特于2020年去世，莱文于2021年去世。

2023年，柏林工业大学的天体生物学家迪尔克·舒尔策–马库赫推测，当美国国家航空航天局首次将两个维京号着陆器发射到这颗红色星球上时，它可能已经发现了火星生命，但该机构也可能在向火星土壤加水时导致该生命溺水而亡。他的推测受到了智利阿塔卡马沙漠盐岩中的微生物的启发。这些微生物不需要雨水就能生存，一旦雨水过多就会死亡。不过，我们应该清楚一点：维京号着陆器的实验通常被认为对生命产生了负面影响，这让大多数行星科学家感到失望和沮丧。也许没有人比卡尔·萨根更沮丧了，他仍在努力——但没有成功——尝试在维京号宇宙飞船拍摄的照片中找到一些生命迹象。然而，在他的名著《宇宙》中，萨根似乎没有完全放弃火星生命："如果火星上有生命，我认为我们不应该对火星采取任何行动。火星属于火星人，即使火星人只是微生物。附近行星上独立生命的存在是无法评估的宝藏，我认为保护这种生命更重要，而不是把它们用作他用。"

岩石

值得注意的是，关于火星上存在生命的可能性，除了维京号航天器的结果之外，还有其他有争议的发现。其中一项发现甚至引发了总统的特别公告。1996 年 8 月 7 日，美国时任总统比尔 · 克林顿在白宫南草坪向全世界宣布："今天，84001 号岩石跨越数十亿年和数百万英里与我们展开对话，它讲述了火星生命存在的可能性。如果这一发现得到证实，它将是科学领域迄今为止取得的关于我们宇宙的最令人震惊的见解之一。它的实际影响力与我们预期的一样深远和令人敬畏。"

"84001 号岩石"是指美国南极计划的陨石专家罗伯塔 · 斯科尔在南极发现的一颗陨石。它被标记为 ALH84001，因为它是 1984 年在阿兰山发现的第一颗陨石。美国国家航空航天局的地质学家和天体生物学家戴维 · 麦凯及其团队在 20 世纪 90 年代初收到了 4.3 磅岩石用于分析，最初的发现相当令人兴奋。通过检测这块岩石暴露在宇宙射线下的时间，他们确定它的年龄并不比太阳系的年龄小多少——大约 41 亿年。这让这块陨石变得有意思起来，因为它是唯一一颗来自可能仍有液态水的火星表面的陨石。随后对岩石成分的研究，以及对其中捕获气体的分析（发现其成分与火星大气的成分相同）表明，这块岩石很可能是因为大约 1 700 万年前发生的一次强烈撞击而从火星表面喷射出来的，大约 1.3 万年前它降落在南极。这颗陨石作为来自火星的"访客"抵达地球，这一事实本身并不令人惊讶（已有 300 多颗陨石被归类为火星陨石）。迄今为止最大的整颗火星陨石陶登尼 002 于 2021 年年初在马里被发现。事实上，美国国家航空航天局的科学家戏谑地说，数十亿年来，火星和地球一直在相互"交换唾液"。换句话说，当一颗行星受到小行星或彗星撞击时，一些喷出物会进入太空，其中一小部分会降落在另一颗行星上。然而，令麦凯惊讶的是，ALH84001 显示出几项独有的特征。首先是这块岩石中存在名为多环芳烃（PAH）的有机化合物。这种物质虽然在地球和太阳系的其他地方很常见，但与通常情况下有机物衰变或燃烧产生的剩余物相似。其次是同时存在三种化合物：透明的棕色碳酸盐球体，硫化铁矿物，由铁氧化物组成的磁性矿物。铁氧化物是一种很少通过非生物过程产生的混合物，但可以由一些细菌合成。最后也最令人困惑的是，麦凯发现，在这些球体内观察到的一些结构在形状上与地球上的细菌化石有着惊人的相似之处，尽管它们的直径只有几十纳米。当时，麦凯非常确信他们已经发现了古代地外生命的第一项证据，一旦《科学》杂志的独立专业审稿人接受了麦凯关于这一发现的论文并予以发表，美国国家航空航天局的新闻发布会和克林顿总统的声明就将板上钉钉。

不幸的是，当批评从各个方向涌来时，新闻发布会的回声几乎消失殆尽。当尘埃落定后，其他研究人员（包括麦凯的兄弟戈登）指明，麦凯团队用于支持在火星陨石中发现生命的数据，包括碳酸盐球、多环芳烃、磁性晶体和“纳米细菌”（类似生命形式的微小结构），都可以解释为非生物化学过程的结果。特别是，纳米细菌被证明只是通过结晶过程将矿物质从无定形转变为类似生命形式的结构。因此，科学界的共识是，麦凯的团队成员对ALH84001结果的解释过于依赖形态学——结构的形状，而这通常被认为是生物体产生的不良指标。

在最后一篇文章中，就连卡尔·萨根也承认“火星上存在生命的证据还不够充足”。2012年，一篇关于ALH84001陨石结果的综述性文章，基于当时所有可用的数据得出结论：“这种情况需要用到生物学的奥卡姆剃刀，即人们更容易接受将ALH84002中的碳酸盐球和细菌样结构看成是普遍存在的化学反应的结果，而不是将其视为地外生命的证据。”2022 年 1 月发表的其他研究进一步强调了这一结论，其中华盛顿特区卡内基科学研究所的生物化学家安德鲁·斯蒂尔及其合作者表明，有机物岩石中的水可能是由火星表面的水和矿物质混合后的化学相互作用产生的。

维京号航天器采集的样本和 ALH84001 的故事给了我们两个有趣的教训。第一，当一个人处理如此重大的发现时，适度怀疑是一种很好的做法。萨根在其职业生涯早期说的一句话提供了很好的指导：“非凡的主张需要非凡的证据。”第二，这些发现揭示了我们所知的一些生命特征的模拟物：维京样本的新陈代谢，ALH84001 的微观形态。这个教训提醒人们应注意“假阳性”——那些不能真正表征生命的潜在发现。

无论如何，正如我们多次指出的那样，找到在火星早期可能起作用的有机化合物的非生物来源，或许有助于辨别可能导致生命出现的条件类型。一个简单的理由是，虽然地球上的前生命化学特征没有得到很好的保存（由于板块构造运动），但在火星上年龄超过 35 亿年的岩石很常见。

你以为你看到了，但其实你没有

火星还为行星科学家带来了另一个谜团，与甲烷的存在（或不存在）有关。大多数人都熟悉这样一个事实，即在地球上帮助牲畜消化的微生物会产生数量不可忽视的甲烷，胃胀气的奶牛和绵羊最终会将这种气体释放到地球大气层中。甲烷也可以由白蚁（通过其消化过程）、火山及南极冰层和北极永久冻土下的沉积物产生。

甲烷是天然气的主要成分，是一种由 1 个碳原子和 4 个氢原子结合而成的化合物。甲烷既可以通过非生物反应形成，例如通过复杂的水岩反应（被称为蛇纹石化）产生的氢气来还原二氧化碳而生成，也可以通过有机物的细菌发酵来产生。在地球上，甲烷对全球变暖起着重要作用。生物衍生的甲烷既可能是由北极地区永久冻土的解冻产生，也可能是由奶牛、山羊等反刍动物的消化道大量产生。

我们知道，火星上没有奶牛或山羊，但由于甲烷可以由活的微生物产生，它一直被认为（与其他气体结合）是一种潜在的生物印记（生命的标志）。那些在火星上寻找生命的人从未停止对它的探测（事实上，正如我们将在第 9 章看到的，对系外行星的探索而言也是如此）。但我们应该时刻牢记，甲烷也可以通过各种非生物过程产生，包括可能在火星上发生的过程。例如，在火星地表下的高压高温环境中，被称为橄榄石的火成铁镁硅酸盐矿物（这些矿物在火星上很丰富）与水和二氧化碳之间的反应。

此外，这里还有个谜团。自 2003 年以来，有些仪器在火星上探测到了甲烷，有些同样灵敏的仪器则没有探测到。作为一个具体且非常有趣的例子，美国国家航空航天局的好奇号火星车探测器携带了一套复杂的仪器，被统称为SAM（火星样本分析仪）。当探测器在盖尔陨石坑表面加速运行时，经过反复检测，它发现火星大气中有甲烷。其浓度平均约为十亿分之 0.4，相当于在奥林匹克标准游泳池中溶解 1/4 茶匙的糖。截至 2018 年 6 月 7 日，SAM甚至检测到甲烷浓度的季节性变化，以及比平均值高出近 50 倍的令人费解的峰值。然而，与此同时，另一种专门用于测量甲烷浓度的仪器——欧洲航天局地外火星探测器（于 2016 年 3 月升空）上搭载的痕量气体轨道器（TGO）——在火星大气中却未探测到任何甲烷的痕迹。截至 2019 年 5 月，TGO只记录到了零检测（上限低至十亿分之 0.02）。

更为复杂的是，研究人员分析了欧洲航天局火星快车探测器（于2003 年发射）上光谱仪的数据，该光谱仪是一种可以通过分析物质的发射光谱来确定物质成分的设备。2019 年，研究人员报告称，光谱仪记录到盖尔陨石坑上方火星大气中的甲烷浓度激增。这些数据是在 2013 年 6 月 16 日收集的，就在好奇号火星车现场观测到甲烷峰值的一天后。

这种情况导致了一个令人困惑的难题，因为它迫使研究人员先要搞明白为什么有些仪器检测出阳性，而另一些仪器没有。之后他们可以转向更有趣也更重要的问题，即甲烷的来源是什么。美国国家航空航天局加利福尼亚喷气推进实验室的克里斯·韦伯斯特是SAM首席数据分析科学家，当看到相互矛盾的结果时，他惊讶不已："当欧洲团队宣布没有探测到甲烷时，我确实感到震惊。"尽管如此，韦伯斯特立刻就意识到他应该做什么。他和他的团队迅速检查了所有的SAM测量值，以确定好奇号火星车本身是否以某种方式释放出甲烷。他们检查了检测结果与一系列探测车状况之间的相关性，如探测车指向的方向、车轮的转动方式、车轮是否轧碎了岩石，但结果他们什么都没发现。

这时，约克大学的加拿大行星科学家约翰·穆尔斯提出了一个出人意料且具有挑衅性的问题，这个问题听起来就像照搬了一个古老的犹太笑话。那个笑话是这样的：

两个邻居因财务纠纷而争吵。他们无法达成一致意见，于是将案件提交给当地的拉比。拉比听取了第一位当事人的陈述，点了点头，说："你说得对。"

第二位当事人随后也做了陈述。拉比听他说完，又点了点头说："你说得也对。"一直站在旁边的拉比侍从自然会感到困惑。"但是，"他问，"他们俩怎么可能都是对的呢？"拉比想了一会儿，然后回答说："你也是对的！"

穆尔斯问了自己一个令人惊讶的问题：好奇号和TGO的探测结果都是对的吗？穆尔斯及其同事认为它们可能都是对的，两者的差异仅源于测量时间的不同。具体来说就是，由于SAM的运行需要相当大的功率，它的测量主要是在火星的夜间进行的，而当时好奇号的仪器没有运行。事实证明，到了晚上，火星大气通常是平静的，这会使从地面渗出的甲烷积聚在靠近地表的地方，并很有可能被SAM探测到。另一方面，TGO在火星的白天运行，而白天的空气循环可能会导致甲烷被更大的空气团稀释。为了检验这一大胆的假设，SAM首席研究员保罗·马哈菲领导的好奇号团队进行了一系列实验，他们将夜间测量值与白天的两个测量值做了对比。结果与穆尔斯及其同事的预测结果基本一致——白天的两次测量都没有检测到，而夜间的测量与好奇号早期的测量结果一致，这似乎证实了盖尔陨石坑表面附近的甲烷浓度在白天会发生变化的观点。然而，事实证明，即使这样的结果也不是铁证如山的解释。西班牙马德里国家航空航天技术研究所的研究员丹尼尔·比乌德斯–莫雷拉斯及其合作者详细模拟了火星天气，结果表明谜团仍然存在，甚至更加扑朔迷离。该模拟表明，盖尔陨石坑西北边缘（非常靠近好奇号的位置）会排放极少量的甲烷，并且只有该地区会排放，这确实有可能导致好奇号能探测到甲烷而TGO探测不到，但这种解决方案本身是相当不可能或有很大问题的。基本上，它至多基于两种可能：要么大气中存在一种强大的未知损失机制，可以防止全球甲烷的积累（因为火星大气中甲烷的预计寿命为 300 年），要么甲烷排放在火星上极为罕见，好奇号火星车只是极其偶然地遇到了一次。否则，TGO 就仍然可以检测到整个火星大气中的甲烷。

关于甲烷的潜在来源，一些研究认为，甲烷峰值可能来自产生甲烷的微生物——产甲烷菌。这些微生物在火星表面以下几英里处形成了一个生物圈，那里可能存在液态水。尽管这些研究表明，观测到的大气甲烷丰度与这样一个生物圈的存在至少是一致的，但它们绝对不应该被视为火星上存在任何生命形式的证据。

还有一个陨石坑揭示了火星上可能存在着古代生命。2007 年，“勇气号”火星探测车在古舍夫陨石坑的火山地貌旁发现了由水合二氧化硅（俗称蛋白石）组成的岩石和风化层（尘埃和破碎的岩石）。这种二氧化硅矿床长期以来都是研究人员在火星和早期地球上寻找化石生命的目标，因为它们能够捕获和保存生物印记。2020 年，亚利桑那州立大学的行星地质学家史蒂文·鲁夫及其合作者将这种二氧化硅与在犹他州的罗斯福温泉和蛋白石丘发现的二氧化硅，以及在智利埃尔塔迪奥的间歇泉区和普丘迪扎–图贾的热液系统发现的二氧化硅进行了比较。他们得出的结论是，火星的蛋白石是温泉/间歇泉活动的沉积物，其二氧化硅结构的形态与埃尔塔迪奥的微生物介导的微色谱极为相似。这个结论很重要（尽管它肯定需要更进一步的研究），因为正如我们在第 6 章解释的那样，带有温泉的环境被认为是有可能找到古代生命的地方。例如，地球上的蛋白石在整个地质历史中保存了微生物生命的证据，化石热液场可以追溯到西澳大利亚皮尔巴拉克拉通的距今 34.8 亿年的德莱赛地层。

结论是，尽管有一些诱人的暗示（含糊不清且有争议），但没有令人信服的证据表明火星上存在生命，这有点儿令人失望。但是，这并不意味着对火星的研究不会或不应该继续下去。探测数据不足也不意味着火星上从未存在过生命。毅力号火星车于 2022 年 5 月抵达杰泽罗陨石坑西缘的一片干涸的河流三角洲。到 5 月 28 日，毅力号在三角洲底部的一块岩石上研磨出一块直径为两英寸[①]的圆形，以进行样本收集。毅力号将 43 根试管带到了火星，其中有 38 个用于收集样本。到 2023 年 10 月底，火星车已经从岩石、风化层和大气中收集了 23 个样本。数十亿年前，一条早已消失的河流在进入火山口湖时沉淀了层层沉积物，在火山口处形成了三角洲。地球上的河流沉积物中通常充满了生命，因此研究人员希望火星沉积中也含有化学物质或过去生命的痕迹。毅力号的探地雷达证实，由古代流星撞击形成的杰泽罗陨石坑曾经包含一个湖泊和一片河流三角洲，这一事实给了人们更多希望。正如伦敦帝国理工学院的行星地质学家桑吉夫·古普塔所说："我想起了诗人威廉·布莱克的诗句'从一粒沙看世界'。"美国国家航空航天局和欧洲航天局计划将毅力号收集的这些样本带回地球，并进行详细研究。样本返回的时间将不早于 2033 年，这将是人类首次从火星取回样本。值得注意的是，美国国家航空航天局计划建造一处能容纳这些样本的设施，因为即使"火星流行病"发生的可能性很低，该设施也应该能安全地处理有潜在危险的火星病原体。同时，该设施还必须能让样本保持原状，免受地球物质的污染。可以理解的是，没有人知道届时会发生什么。肯尼斯·法利是加州理工学院的地球化学家，也是毅力号任务的项目科学家，他不愿意预言他们将会发现什么，"我们只能说我们不下任何赌注"。

---

① 1 英寸 = 2.54 厘米。——编者注

毫无疑问，探索火星的任务将继续进行下去，其中一些任务最终甚至会用到人类宇航员，但太阳系中还有其他天体值得我们关注。

闪耀的爱神

在太空时代来临之前，人们可能会猜测地球的邻居行星——金星——遍布丛林和沼泽（金星的大小和质量与地球大致相同，且经常被云层覆盖）。但苏联的金星任务，以及美国国家航空航天局、欧洲航天局和日本宇宙飞船的现代观测，从根本上改变了我们对这个天体的看法。尽管金星美丽无比——仅次于月亮，是夜空中最明亮的天体——但事实证明，金星的环境犹如地狱一般，就连但丁的《地狱》在它面前都堪比天堂了。金星的有毒大气主要由二氧化碳、氮气、二氧化硫、一氧化碳、水蒸气及其他挥发物（容易蒸发的化合物）组成。仿佛这仍不够严酷，它还有一个由硫酸液滴组成的云层。这个云层像温室一样锁住热量，使金星表面的温度接近 480 摄氏度，铅在那里都会融化。此外，金星的大气压强是地球的 90 倍。简言之，它和你想象的完全不一样，与地球没有任何相似之处。因此几十年来，金星完全从太阳系中潜在的宜居天体的名单中消失了。目前，这颗行星附近只有一个探测器——日本宇宙飞船“晓号”——在运行。不过，这种状况即将发生巨变。2021 年 6 月 2 日，美国国家航空航天局批准了两项前往金星的任务。欧洲航天局也在一周后批准了一项金星探测任务。美国国家航空航天局的“维利塔斯”任务由一个轨道飞行器来执行。该飞行器将对金星表面进行成像和测绘，目的是研究该行星的地质历史。执行欧洲航天局“远景”任务的轨道飞行器，将使用雷达测绘金星地表，使用测深仪揭示其地下分层，使用光谱仪研究其大气和地表。美国国家航空航天局的第二项任务“达芬奇”，由一个轨道飞行器和一个下降到金星上空的探测器来执行。轨道飞行器将从上方以多种波段对金星进行成像，而下降探测器将研究金星大气的化学成分，并在向金星降落期间拍摄照片。

这三项新任务（均将于21世纪20年代末至30年代初发射）除了要解决为什么金星和地球的进化如此不同，以至于金星变成了硫黄地狱这一令人困惑的难题外，还将试图回答一些具体问题。所有这些问题都与过去或现在金星的宜居潜力有关。第一，通过测量金星大气的精确成分，天文学家将努力确认早期金星表面是否有液态水，这些水后来因失控的温室效应而沸腾蒸发。第二，天文学家将利用“维利塔斯”和“远景”，进行高分辨率地表测绘，以便探索金星上是否有活火山，因为正如我们在前文中所述，地热活动区可能是地球生命的发源地。第三，这一点与过去可能存在的海洋有关，这些探测器将帮助科学家探明金星表面是否有大陆陆块。特别是，“维利塔斯”和“达芬奇”将研究金星的镶嵌体——以高地形为特征的严重变形地区，这些地形约占金星表面积的7.3%，它们可能代表类似大陆的地块。这些未来的任务还将检验金星大气演变的特定模型。例如，在2023年10月发表的一篇论文中，行星科学家马修·韦勒及其同事根据计算机模拟得出结论，在板块构造活动的早期阶段必然发生过火山气体喷发，才能形成目前的金星大气。韦勒的计算机模拟结果表明，金星的大气层必须经历一个巨大的气候构造转变，从持续至少10亿年的早期活动盖壳构造阶段，演变到目前排气速率降低的滞壳构造模式。而且，与地球的板块构造相比，金星基本没有水平构造。

2020 年，由威尔士卡迪夫大学的简·格里夫斯领导的天文学家团队，在金星云层的高处初步发现了一种有趣的化学物质——磷化氢，这意外地重新激发了人们对金星作为备选的生命栖息地的兴趣。格里夫斯后来解释说，尽管她认为在金星上发现磷化氢的机会微乎其微，但她“对寻找磷化氢的想法很感兴趣，因为磷可能是决定生命是否存在的关键”。对于这一发现本身，格里夫斯团队使用了夏威夷的麦克斯韦望远镜和智利的阿塔卡马大型毫米波/亚毫米波阵列（ALMA 天文台）。

磷化氢由一个磷原子与三个氢原子结合而成，呈金字塔形结构。关键在于，虽然磷化氢可以在高压环境中（比如在木星和土星等气态巨星中）自然产生，但在地球或其他类地行星上，其最常见的制造者是厌氧菌，比如存在于我们的肠道或某些深海蠕虫体内的细菌。

正如在宣布如此出人意料的发现后经常发生的情形那样，对金星上磷化氢的初步探测立即引发了极大的兴趣和相当大的争议。其他行星科学家也发出了大量警告。一些研究人员对磷化氢检测本身提出了质疑，这些质疑要么是基于数据处理和分析，要么是认为观测到的信号应当归因于二氧化硫而不是磷化氢。其他人则对检测结果是否代表真正的生物印记表示怀疑。2022 年，研究人员使用平流层红外天文观测台（SOFIA）——一架安装在波音 747 飞机上的远红外望远镜——对金星大气进行了观测，结果并未在金星上找到任何磷化氢的迹象。但后来发现，之所以未检测出结果，是由仪器的校准误差造成的。事实上，在同一数据集中，人们检测到了低浓度的磷化氢。虽然最初的发现者对大多数批评做出了详细的回应，但关于检测真实性的争论仍在继续。2023 年，事情发生了新的转折，格里夫斯报告说，在金星云层深处更温和的环境中发现了磷化氢。

接下来，似乎只有通过“达芬奇”直接在金星的云中对磷化氢进行检测，才能最终确认这种物质是否存在。

检测到磷化氢（假设它是真实的）是否就能表明金星云层中存在某种形式的生命，这个问题同样存在争议。例如，加利福尼亚州索尔克研究所的生命起源研究员杰拉尔德·乔伊斯对此持非常明确的怀疑态度：“这很难被视为生物印记。”他还指出，发现者本人在论文中也说，“磷化氢的检测并不是生命的有力证据，只是异常和无法解释的化学现象”。

然而，金星大气深处（距离地表约 40 英里）还有其他现象同样引起了研究人员的兴趣。例如，有一些尚未得到鉴定的物质可以非常有效地吸收太阳的紫外辐射。这让人想起光合色素在地球表面起到的吸收作用。金星大气中也有气体，如氧气和甲烷，它们似乎处于非热平衡状态——这是地球生命活动的一种状态。这些和其他一些令人困惑的特征，促使麻省理工学院一个由天体物理学家萨拉·西格尔领导的研究小组开展了一系列由私人资助的研究项目，最初叫作金星生命发现者（VLF），现在被称为晨星任务。这些项目使用一系列直接检测金星大气的探测器，评估金星云层的宜居性，寻找生命和生命迹象。其中一个步骤是，通过探测器在金星大气中下降来寻找生命迹象。爱沙尼亚的塔尔图大学天文台也参与了这项工作，它正在建造一种名为TOPS（塔尔图大学天文台pH值传感器）的仪器，用于执行“晨星”任务，暂定于 2030 年发射。该仪器抵达金星后，将潜入这个星球的大气，测量金星单个云滴的酸度。其后续任务是收集样本，并将其送回地球。

接下来的步骤目的明确：与其他有争议的发现一样，磷化氢的检测必须先得到观测数据的证实，也许是通过“晨星”和“达芬奇”

任务来实现。如果磷化氢的存在得到了确证，接下来就必须果断排除这些磷化氢的地球化学和光化学潜在来源，并且必须更清楚地识别异常的紫外线吸收剂。只有到那时，我们才能将这些现象解释为是由金星上的大气微生物产生的。

总结一下我们对在太阳系固态行星上发现生命的可能性的看法，仅供参考。如果对火星进行彻底的探索后发现这颗红色行星上绝对没有生命存在的迹象，那么我们将感到非常惊讶。如果事实果真如此，这或许表明，即使条件很好，生命的出现也并非必然。目前我们对金星上存在生命持怀疑态度，但我们也可能收获惊喜（尤其是在意想不到的化学方面），因此应该鼓励探索。水星只不过是一块布满斑点的岩石，在靠近太阳的旅程中，其炽热的环境并不适合生命存在。

太阳系中还有其他天体可以（至少在原则上）维系生命吗？令人惊讶的是，正如我们将在下一章看到的，至少有 3 个这样的天体，甚至有可能多达 6 个！

第 8 章

太阳系的卫星上存在生命吗？

有多少事情今天被否认，明天却变成了现实！

儒勒 · 凡尔纳，《从地球到月球》

寻找地外生命在很大程度上要遵循“追寻水”的原则。这一原则背后的主要思想是，虽然有营养素和能量可用，但在没有足够溶剂的情况下，生命的构建块也无法相互接触并发生化学反应。此外，水可以溶解生物体消耗的各种化合物，在细胞内运输化学物质，并使细胞能够处理废物。一般来说，水提供了一种复杂性，开辟了多条可能导致生命出现的反应路径。此外，关于水还有一个事实：在地球上，只要有水的地方，基本上就有生命。因此，在很长一段时间里，只有当岩石行星恰好处在其表面气候允许液态水稳定存在的星周距离带内时，它们才被认为是“可居住的”。在太阳系中，只有地球（当然）、火星（勉强算得上）和金星（乐观估计）如此幸运，被认为具有潜在的宜居性。地球的卫星（月球）和火星的卫星（火卫二和火卫一）虽然也位于这个宜居带内，但事实上，它们的表面既没有液态水，也没有任何大气（顺便说一下，月球的极其稀薄的大气由氖、氩和氢组成，在靠近两极和阴影区的陨石坑内还有水冰，在阳光照射到的部分也有少量水分子），这使它们被排除在孕育生命的备选名单之外。

然而近年来我们发现，“可居住”的宇宙原则上可能会极大地膨胀，它甚至包括一些围绕外太阳系气态巨行星运行的被冰覆盖的卫星。这怎么可能呢？一个原因是，这些卫星的能源（除主星辐射带来的以外），特别是潮汐加热能，可以产生一个合适的温度范围，即使在距离中心恒星很远的地方，也能维持巨大的地下液态海洋。另一个原因（尽管是一种推测）可能是，在如此遥远的卫星表面，可能存在由水以外的液体构成的大型湖泊。换句话说，“宜居带”的概念已经远远超出了其最初假设的固定范围。

以下是对潮汐加热原理的简要解释。当一个天体受到另一个天体的引力作用时，例如当卫星感受到它环绕的行星的引力场时，卫星就会沿着两个天体中心的连线方向稍有拉伸。这是因为卫星表面最靠近行星的点受到的引力作用要比卫星中心点受到的引力作用强，而离行星最远的点受到的引力作用比卫星中心点受到的引力作用弱。这种拉伸会导致“潮汐隆起”。如果卫星的轨道稍呈椭圆形，当卫星离行星最近时，潮汐力最强，当卫星离行星最远时，潮汐力最弱。换句话说，绕轨道运行的卫星在每一次旋转中都会经历拉伸和松弛的过程，随着隆起的上升和下降，潮汐的这些变化会产生内摩擦，使卫星内部温度升高。

围绕气态巨行星运行的卫星表面之下可能隐藏着巨大的液态海洋，这一发现向我们展示了如何通过逐步的“侦探”工作来推动现代科学的进步。

这一切都始于20世纪60年代和70年代初对木星卫星的光谱观测。光谱学的巨大力量在于它可以识别发光材料的成分，或者光穿过的物质的成分。例如，水冰在红外光中具有两种特征，表现出独特的光谱特征。因此，红外光谱可以很容易地揭示木星的卫星木卫四和木卫二可能被冰覆盖的事实。

理论学家迈出了重要的下一步。在 1979—1980 年发表的几篇具有开创性的论文中，加州大学圣巴巴拉分校的行星科学家斯坦顿·皮尔和帕特里克·卡森及美国国家航空航天局艾姆斯研究中心的雷·雷诺兹提出，木星引力（包括木星的卫星欧罗巴、木卫四和木卫三等的引力）产生的潮汐加热，可能会融化距木星最近的木卫一内部的很大一部分物质。这意味着木卫一可能会出现火山活动和熔岩流。值得注意的是，随后的一系列观测，先是旅行者 1 号和旅行者 2 号探测器（在 1979 年理论预言发表的短短几天后！），后来是伽利略号探测器（1995 年和 1999—2002 年）、卡西尼号探测器（2000 年）、新视野号探测器（2007 年）及朱诺号探测器（2023 年），都表明木卫一确实是太阳系中地质活动最活跃的天体。特别是，朱诺号于 2023 年 12 月从距离木卫一约 930 英里的范围经过时，证实木卫一上有 400 多座活火山。迄今为止的所有发现都只是一场无与伦比的科学冒险的开始。

“木星 2 号”

木卫一无疑是一个非常有趣的天体，但从寻找生命的角度看，它被认为是太阳系内任何已知天体中含水量最低的（按原子百分比计算）。但皮尔、卡森和雷诺兹做出了另一个激动人心的预言，而且这个预言可能会对发现潜在的宜居世界产生巨大的影响。他们认为，潮汐加热可能会在木卫二上形成一个被冰层覆盖的液态海洋。木卫二是伽利略于 1610 年发现的 4 颗木星卫星中最小的一颗（他称木卫二为木星 2 号）。

这一有趣的预言给天文学家带来了严峻的观测挑战：如何证实

（或反驳）数英里厚的冰层下存在液态海洋？面对这项艰巨的任务，行星科学家创造性地提出了一系列巧妙的研究方案。

首先，他们意识到手头已经有了一些线索。第一条线索是，旅行者 2 号拍摄的图像显示，欧罗巴表面几乎没有陨石坑。事实上，它是太阳系已知固态天体中表面最光滑的一个。这意味着它上面有某种天然的“赞伯尼磨冰车”在运作——就像溜冰场一样，欧罗巴总是被新鲜的冰覆盖。换句话说，欧罗巴上可能正在发生类似于板块构造活动的冰运动。这种动态地质活动最有可能是由地下的液体驱动的。与此同时，人们发现欧罗巴的表面也有裂缝，布满了纵横交错的深色条纹（被称为“线”）。这些条纹让人联想到地球上的洋脊，这再次表明欧罗巴的地表相当于板块结构，裂缝最有可能是由木星引力导致的潮汐弯曲效应引起的。此外，伽利略号探测器和哈勃太空望远镜后来的光谱分析显示，裂缝似乎含有盐，这些盐可能来自地表之下的海洋。

第二条线索来自伽利略号探测器的速度变化，其测量精度惊人，达到每秒零点几英寸。利用这些信息，喷气推进实验室的约翰·安德森及其团队能够非常准确地绘制出欧罗巴的重力场，从而了解这颗卫星内部的质量密度分布情况。他们发现，为了拟合数据，欧罗巴可以分成密度不同的三层：一个直径约 750 英里的铁芯，外面包裹着由硅酸盐构成的岩石地幔，地幔上还有一层 50 到 100 英里厚的水或冰。但测量结果的精确度尚无法区分那是液态水还是冰。

最后一条线索来自令人印象深刻的磁性测量。伽利略号探测器上的磁力计（用于测量磁场变化）发现，欧罗巴就像一块弱的条形磁铁，它的磁性来自木星的磁场感应。简单地说，木星由于其旋转的氢金属核心而具有强大的磁场。木星的磁轴与其旋转轴并不完全重合（地球也是如此），因此当木星围绕其轴旋转时，欧罗巴会经历磁场的周期性变化（就像被磁性“灯塔”照亮一样）。在电磁学中，当电导体（允许电流通过的材料）被置于变化的磁场中时，导体本身就会变成磁铁。换句话说，伽利略探测器发现欧罗巴具有感应磁场，这一事实意味着欧罗巴内部含有一层导电材料。加州大学洛杉矶分校磁力计团队的玛格丽特·基维尔森、克里珊·库拉纳及其同事通过对感应磁场的仔细测量证明，含盐的地下液态海洋确实可以提供潜在的电导率。

总之，研究人员通过一系列富有想象力和仔细的检测证明，在欧罗巴厚厚的表面冰层之下，可能存在一片液态海洋，其含水量大约是地球海洋的两倍。

欧罗巴地下海洋的平均深度约为 60 英里，它的下面是岩石海底，外层是固体冰，冰的厚度尚不确定，估计在几英里到 20 英里之间。有趣的是，哈勃太空望远镜为这片海洋的存在提供了另一个证据。哈勃太空望远镜于 2012 年拍摄的欧罗巴图像显示，似乎有一股稀薄的水蒸气上升到约 120 英里的高度。使用哈勃太空望远镜的研究人员还报告了 2016—2017 年对羽流的初步探测情况。此外，天文学家在 2018 年重新分析伽利略探测器数据后得出结论，该航天器有可能在 1997 年飞越欧罗巴时穿过了一股这样的羽流。2019 年 11 月，夏威夷凯克天文台的一个研究小组宣布，他们直接探测到了欧罗巴表面上方的水蒸气。如果得到确证（截至 2023 年秋天，詹姆斯·韦伯太空望远镜尚未探测到），那么这些羽流最可能直接来自地表之下的海洋（通过冰的裂缝），或者来自外冰壳包裹的液态池塘或湖泊。重要的是，羽流可以为我们提供一种分析海洋成分的方法，而无须钻穿厚达数英里的冰层。航天器可以穿过羽流，从轨道上对其进行采样和分析。2023 年，天文学家发现了另一件有趣的事，它表明地下海洋和欧罗巴表面是相互联系的。利用詹姆斯·韦伯太空望远镜的观测数据，他们在欧罗巴冰层上的某个区域发现了二氧化碳。详细分析表明，这种碳很可能源于地下海洋，而不是来自陨石或其他外部来源。此外，它属于较近的地质时间范围。

欧罗巴的液态海洋是否真的能为生命提供潜在的栖息地，这个问题的答案只是“可能”，而且这只意味着我们应该充分去探索这种可能性。乐观主义者把他们的希望寄托在几项极端环境下的数据，地球冰下湖泊中的多样化生态系统似乎能够为他们提供佐证。其中最重要的证据来自南极的沃斯托克湖。

沃斯托克湖位于 13 000 多英尺的冰川之下，与大气或光线隔绝。据估计，它已经被冰层覆盖了大约 1 500 万年。就大小和体积而言，沃斯托克湖是地球上最大的淡水湖之一。鉴于其独特的条件，来自英国、俄罗斯、法国和美国的科学家多次尝试钻穿冰层，接近湖面。2013 年，鲍林格林州立大学的生物学家斯科特·罗杰斯领导的一个团队，对附着在冰川底部的冷冻湖水（被称为吸积冰）进行了 DNA 和 RNA 测序，这些冰是在 20 世纪 90 年代钻取的。罗杰斯及其同事确认了数千个基因序列，主要是一些细菌和真核生物，这意味着湖水可以支持生命的存在。一些微生物学家对这一结果表示怀疑，认为这些发现可能是钻探过程的污染带来的，而不是真正生活在湖泊里的生命。蒙大拿州立大学的微生物生态学家约翰·普利斯库钻取了南极的另一个冰下湖泊惠兰斯湖的吸积冰（在 2 600 英尺的冰层下），并获得了非常相似的基因测序结果，这似乎在很大程度上消除了上述疑虑。2020 年，斯科特·罗杰斯和生物学家科尔比·古拉发表了一篇关于沃斯托克湖生物多样性的分析文章，基本上证实了罗杰斯早期的研究结果的准确性。他们在论文的最后写道："因此，沃斯托克湖可能包含一个功能良好的生态系统，该生态系统从覆盖其上的冰川和可能的热液源接收化学物质和能量输入。"

在评估欧罗巴支持生命存在的潜在能力时，我们还应考虑另一个有趣的问题。正如我们在第 3~5 章所述，那些试图在实验室中创造生命的实验表明，从化学到生物学的路径（假设确实存在这样一条完整的路径）需要高浓度的关键分子来启动和维持必要的化学反应。大型海洋环境无法形成如此密集的堆积物，事实上，这一认识衍生出一种观点（见第 6 章的讨论），即地球上的生命始于陆地上较小的池塘而不是海洋。如果这是真的，这是否意味着欧罗巴不能孕育生命？不一定。但这可能意味着生命（如果确实存在）最初并没有出现在欧罗巴上。正如我们已经指出的那样，从火星（原则上）可能出现生命的地方（通过小行星或彗星撞击）喷射出的岩石有可能到达欧罗巴。如果这些岩石恰好含有某种形式的微生物生命，这种生命（原则上）可能就会继续存在，甚至可能在欧罗巴的地下海洋中进化。而稍微悲观的一面是，2024 年 3 月发表的一项研究表明，轰击欧罗巴表面的带电粒子产生的氧气（来自分解冷冻水）比我们之前猜想的要少。

"欧罗巴快船"任务的研究人员分析了朱诺号在最近的飞行中收集的数据。这项任务由美国国家航空航天局发起，计划于 2030 年抵达木星。它将绕行木星轨道，在欧罗巴附近进行一系列飞越，争取近距离观测欧罗巴表面。这项任务的主要目标是确认地下海洋的存在，并帮助选择未来着陆器的降落地点。

在理论上，欧罗巴并不是太阳系中唯一可以孕育生命的卫星。有些人甚至认为，还有其他卫星可以提供同等或更好的选择。

可能的小巨人

土星的第六大卫星土卫二以希腊神话中的“巨人”之一“恩克拉多斯”的名字命名。这些巨人为了控制宇宙而与希腊众神作战，他们不一定高大，但他们都力大无穷。例如，在希腊的阿提卡半岛出土的一个公元前 6 世纪的盘子上，就绘有巨人恩克拉多斯与雅典娜战斗的场景（这个盘子目前被收藏在卢浮宫）。土卫二是天文学家威廉·赫歇尔于 1789 年发现的，1847 年由他的儿子、天文学家约翰·赫歇尔命名。

你可能想不到，一个距离地球如此遥远又寒冷、即使在土星的卫星中也只能排第六的卫星，竟会引起人们的广泛关注。毕竟，像土卫二这样的直径略大于 300 英里的卫星是无法保存任何热量的，但土卫二从一开始就给天文学家出了一个难题。旅行者 2 号宇宙飞船在 1981 年获取的土卫二图像（从很远的地方拍摄的）表明，虽然土卫二的南半球表面看起来相当光滑，几乎没有陨石坑，但其北半球表面却有较多的撞击坑。由于土星的卫星不断受到轰击，土卫二表面的这种状况表明，土卫二南极附近的地表出于某些原因变得平整。天文学家还知道土卫二被冰层覆盖着，因为正如美国国家航空航天局喷气推进实验室的科学家摩根·凯布尔所说，土卫二是“太阳系中最白和最亮的天体之一”。

太空研究是复杂的，需要付出大量耐心，投入也相当高昂。这就是为什么在旅行者 2 号之后，研究人员等待了 20 多年才迈出了探索土卫二的下一步。美国国家航空航天局的卡西尼号探测器终于在 2005—2017 年飞越了土卫二，科学家从它至少 23 次有针对性的飞越中收集到壮观的景色和有效的数据，这说明这种等待绝对是值得的。

在第一次接近时，卡西尼号距离这颗卫星仅有 725 英里，磁力计检测到了土卫二南极上方的土星磁场扭曲。这似乎是由土卫二喷射出的物质引起的，因为航天器上的宇宙尘埃分析仪检测到了许多尘埃大小的颗粒。

随后的飞越观测结果令人叹为观止。第一，图像显示土卫二的南极附近有许多羽流和间歇泉状喷流。而且，这些喷流在为土星的一个环（E 环）提供能量。第二，当卡西尼号飞过羽流并对其成分进行化学分析时，研究人员发现羽流中含有水蒸气、二氧化碳、一氧化碳、甲烷、氮、氨和其他含碳化合物。这些化合物通常存在于彗星中，也存在于地球上的热液喷口处。第三个惊人发现是，土卫二的南极比赤道温暖，但接收的阳光较少。此外，在南极附近观察到的地表呈线状断裂（被称为“虎纹”），其温度比赤道高出约 39 摄氏度，这表明该地区无疑存在某种地质活动。

根据早期的研究结果，所有参与观测的科学家都考虑到了这种喷流和羽流来自地下液态海洋的可能性。即便如此，仍然存在一个挥之不去的疑问，或者说另一种可能的解释。那就是，水在土星地表升华，直接由冰转化为气体，这一过程类似于我们在彗星上观察到的过程（但在土卫二的情形下，阳光并非热源）。

在这个阶段，卡西尼号上用于化学分析的两台仪器背后的两个团队大放异彩。由德国斯图加特大学负责运行的宇宙尘埃分析仪（CDA）在土星的 E 环中发现了钠盐，该环显然是由土卫二的喷流形成的。事实上，综合卡西尼号和赫歇尔太空天文台的数据，人们发现土卫二的喷流还在土星周围形成了甜甜圈状的冰粒云。考虑到它们的来源，E 环中的钠盐意味着喷流本身含有盐（这是在彗星中从未发现的现象），这使得冰在地表升华的可能性大大降低。此外，CDA

检测到特定的二氧化硅颗粒，而在地球上这些颗粒通常存在于海底的热液喷口处。从土卫二的羽流中采集到的二氧化硅晶体直径为2~8纳米，如果在93摄氏度左右的温度（与热液喷口有关）下，这种大小的纯二氧化硅颗粒通常会在海洋中形成。但在地球上的一些热液喷口处，分子氢也会以非常高的速率产生。于是研究人员就有了这样一个初步预测，即羽流中应该也含有分子氢。令所有人高兴的是，得克萨斯州西南研究所负责运行的离子和中性质谱仪（INMS）的分析结果确实表明，羽流中的氢分子多于由更复杂分子分解产生的氢分子。

不过，在取得这一成功之后，仍有另外两个重要的问题需要回答。第一，土卫二的地下海洋是全球性的，还是区域性的，或者仅限于南极附近？第二，这片海洋是否足够古老，不仅可以维持生命（一旦被运送到那里），还可以使生命发生进化？

幸运的是，卡西尼号仍有大量数据等待分析。通过检查卡西尼号整个飞行期间的数百张照片，科学家能够精确绘制出土卫二表面特征所在的位置，并在2015年发现了这颗卫星在运行中有摆动，这一发现对于绘制土卫二的内部结构简直太重要了。土卫二和土星之间的潮汐锁定方式与月球和地球之间的潮汐锁定方式相同。这意味着，土卫二绕其自转轴旋转一周所需的时间与它绕土星完成一次轨道运行所需的时间相同，这使得土卫二的一侧始终面向土星（就像月球总是向我们展示同一面一样）。如果卫星不是完美的球形，就会发生轻微的左右摆动（被称为经天平动），引力也会因此略微失调。依据摆动的程度可以判断这颗卫星是一个实心固体，还是它的地壳漂浮在液体层上。如果是后一种情况，卫星摆动的幅度就会更大。通过将土卫二的摆动状况与理论模型进行比较，卡西尼号科学家非常自信地得出结论，在土卫二的冰层地表与岩石核心之间有一片全球性海洋。

2023 年，有三项关于土卫二的令人兴奋的新发现得以发表。第一，美国国家航空航天局戈达德太空飞行中心的杰罗尼莫·维拉纽瓦领导的一个团队，运用詹姆斯·韦伯太空望远镜探测到土卫二的水蒸气羽流的跨度超过 6 000 英里！第二，柏林自由大学的弗兰克·波斯特伯格及其同事分析了土卫二释放的单个冰粒，发现土卫二海洋的磷酸盐含量至少是地球海洋磷酸盐含量的 100 倍。我们知道，磷酸盐形式的磷对地球上的所有生命来说都至关重要。它既是DNA骨架的一部分，也是细胞膜中某些分子的组分。这项研究首次获得了地外海洋世界中有磷存在的直接证据。第三，科学家分析了 10 年前卡西尼号任务从土卫二的一个羽流中得到的数据，进一步证明了土卫二的潜在宜居性。他们发现了氰化氢存在的有力证据，正如我们在第 3~5 章所看到的，氰化氢是生命起源的关键因素。

卡西尼号的飞越为我们提供了详细的数据，使人们对土卫二的认识从一个微不足道的遥远卫星转变为太阳系中最有前景的天体生物学研究目标之一。人们现在认为，土卫二拥有一片地下液态海洋，海底还有热液喷口。这些喷口似乎富含可产生分子氢的化学物质，而这正是地球上适宜生命定居的环境之一。正如我们多次指出的那样，我们有理由相信，陆地上的小池塘更有可能是生命起源的地方，但热液喷口环境肯定也可以维系生命。顺便说一句，有机分子的发现进一步增强了土卫二存在热液喷口的证据，有机分子可能就存在于这些喷口处。

卡西尼号的另一个发现特别有趣：对卡西尼号飞过的羽流成分的分析显示，其甲烷含量非常高。由巴黎高等师范学院的安东宁·阿法霍尔德领导的一个研究小组在 2021 年发现，最有可能的非生物化学过程（岩石中的矿物与二氧化碳和热水发生反应，即蛇纹石化）无法产生像检测到的那么多甲烷。相反，研究人员证明，检测到的甲烷量也许是产甲烷菌（消耗氢气和二氧化碳并产生甲烷的微生物生命形式）产生的。但我们也别高兴得太早。研究人员很快承认，甲烷之谜可能还有其他不涉及生命的解释方法。例如，土卫二在形成过程中留下了过量原始甲烷，或者存在另一种尚不清楚的非生物过程。即使土卫二的地下生态系统确实存在，肯定也会与地球的花园式生态群落截然不同。相反，它必然更类似于极端微生物的栖息地，极端微生物指对极端环境具有耐受性的微生物。特别是，这些生物必须是厌氧的，能够在不依赖光合作用的情况下茁壮生长。也许地球上最类似的环境是南极的冰下湖泊和冰岛的某些地方，它们有丰富的热液活动，还有可产生喷流的间歇泉。

土卫二海洋的年龄问题尚未解决。在 2017 年发表的一篇论文中，由罗马萨皮恩扎大学的航空航天工程师卢恰诺·耶斯领导的一个科学家团队试图确定土星环的年龄。该团队基于目前土星环中的尘埃含量，以及尘埃在环中积聚的平均速率（假设尘埃是以来自柯伊伯带——海王星轨道外的一个冰冻天体区域——的微流星体的形式出现）给出了估计值，他们认为土星环的年龄只有大约一亿年！耶斯及其同事得出的这个年龄估值，令许多天文学家和行星科学家感到惊讶。换句话说，如果这是真的，那么土星环不仅没有太阳系那么古老，而且在它形成的时候，地球生命已经进化到恐龙时代了。这可能对土卫二存在生命的前景产生重要影响，因为有一种假设认为，土卫二和土星环是同时形成的，是土星（或其早期卫星之一）受到较大天体撞击的结果。

并非所有研究人员都接受耶斯及其合作者关于土星环相对年轻的看法。具体而言，一些行星科学家指出，土星环被尘埃污染的速度存在相当大的不确定性。还有人认为，在如此短的时间内形成土星环是很困难的。事实上，行星科学家多年来一直在为土星环的形成机制争论不休。2022 年 9 月，麻省理工学院的行星科学家杰克·威兹德姆及其同事提出了一个最新的土星环形成模型。该模型表明，在大约 1.6 亿年前，土星的一颗前卫星（名叫蝶蛹）被潮汐撕裂，形成了土星环。科罗拉多大学博尔德分校的萨沙·肯普夫及其合作者最近的一项研究确定了微流星体撞击土星环的通量，并将土星环的年龄锁定在不超过 4 亿年。然而，考虑到仍然存在的不确定性，对许多天体生物学家来说，土卫二仍然是寻找太阳系地外生命最有吸引力的目标对象之一。

让人眼前一亮的土卫六

在拉丁语中，*maria*（玛丽亚）的意思是海洋，*lacus*（拉库斯）的意思是湖泊。在太阳系中，除了地球之外，只有一个天体拥有稳定的海洋、湖泊及雨季，其表面甚至还有类似地球的液体循环，它就是土星最大的卫星泰坦（土卫六）。事实上，美国国家航空航天局的卡西尼号拍摄的土卫六上第二大液体区丽姬娅海的图像，可能会被人误认为是从地球上空拍摄的水体照片。2009 年 7 月 8 日，卡西尼号甚至捕捉到了一次闪光（也被称为镜面反射），这是泰坦上的克拉肯海反射的第一缕阳光，证实了泰坦的湖区存在液体。泰坦的大气比地球厚，但和地球大气一样富含氮。然而，我们不要被这些看似与地球相似的特征所愚弄，以为泰坦表面也存在像地球一样的生物圈。泰坦上的温度低至零下 179 摄氏度，这意味着湖泊、海洋和河流都不是由液态水组成的，而主要由液态甲烷、乙烷和氮组成。偶尔降落在土卫六上的雨也是由甲烷液滴组成的。泰坦的大气也有自己的特点，由氮气（超过 95%）、甲烷（不到 3%）、氢气（1%）和微量的其他碳氢化合物（由碳和氢组成的有机化学物质）组成。最重要的是，它的最上面是一层厚厚的橙色有机霾。

人们最初对大气中存在甲烷备感惊讶，因为人们预计它会在不到 1 亿年的时间里被太阳紫外线完全摧毁。所以，我们猜测甲烷是以某种方式从土卫六冰冷的表面之下释放出来的，可能是连续的溢出，也可能是偶然的喷发。这一猜想得到欧洲航天局惠更斯号探测器大规模观测的大力支持。该探测器于 2005 年从卡西尼号轨道航天器上伞降，落到了土卫六的表面。在下降过程中，惠更斯号在土卫六的大气层中探测到惰性气体氩的同位素，氩是由钾同位素的放射性衰变产生的。由于这种钾同位素最有可能嵌在岩石中，泰坦大气中氩的存在似乎表明气体确实是从泰坦内部逃逸出来的。

泰坦独特的地表和大气特征并不是这颗卫星唯一有趣的方面。当谈到它作为潜在的生命栖息地时，它还有另一个有前景的特征：一片含盐的地下液态海洋。证明这片海洋存在的最初迹象是一些令人困惑的电磁现象。惠更斯号探测器探测到土卫六大气中有极低频的射电波，土卫六地表附近还有非零电场。你可能还记得在木星的卫星欧罗巴上探测到感应磁场意味着卫星内部存在导电物质。法国国立奥尔良大学的行星科学家克里斯蒂安·贝甘及其同事建立的泰坦模型表明，低频射电波的存在表明地表下存在导电层，其特性与液态海洋最为匹配。通过 2006—2011 年非常精确地追踪卡西尼号的轨道，研究人员能够准确地描述和绘制出土卫六的引力场，从而弄清楚它的内部结构。特别是，通过测量土卫六因土星施加的潮汐力变化而发生的变形，他们证明了这颗卫星并不是一个刚性天体，而是在其外层冰壳下有一层流体，这再次表明了液态海洋的存在。这片海洋的深度和冰层的厚度都无法确定，但航空航天工程师和卡西尼号团队成员卢恰诺·耶斯及其同事估计，这两个数字大约为 50~60 英里。

泰坦（至少在原则上）提供了一种令人惊叹的可能性，即太阳系天体中可能存在两种完全不同的生命类型。一种是我们所知道的泰坦地下海洋中的生命，另一种我们不知道的生命则存在于土卫六表面的液态甲烷/乙烷湖中。因此，泰坦打破了我们"追寻水"的原则，而这一原则完全基于主要依赖水和水基溶液特性的生物化学。

不过，我们应该注意到，我们倾向于依赖水作为生命溶剂，不仅仅是因为水对于地球的重要作用，而是因为它有坚实的生物化学物理基础。水分子是极性的，也就是说，它的氧端和氢端分别带有小的负电荷和正电荷。极性溶剂溶解极性分子，我们所知道的许多生命构建块都包含极性分子。相较而言，液态甲烷和乙烷则是相当差的溶剂。它们是非极性的，虽然它们可以溶解其他非极性化合物，如乙炔和其他碳氢化合物，但对碳基生命的常见成分来说，它们根本没有用。其次，水在各种生命过程中都起着重要作用，从确保 DNA 和蛋白质的结构稳定性到蛋白质折叠，都离不开水。最后，我们所知道的所有生物的细胞都主要由水构成。

一个令人兴奋的可能性（原则上）是，土卫六可能拥有完全不同类型的生命，这是一种真正的"第二起源"。美国国家航空航天局艾姆斯研究中心的天体生物学家克里斯·麦凯认为，这种生命是可以实现的。他表示，在泰坦大气中发现的"自由"有机物（例如，光化学产生的碳氢化合物乙炔）可能成为化学能的来源（主要是通过与氢气反应产生甲烷和乙烷）。但问题仍然存在，那就是由甲烷和乙烷组成的液体是否真能取代水作为生命分子的溶剂。正如我们在上文中解释的那样，毫无疑问，与水相比，液态甲烷的温度极低，还有很多需要改进的地方。因此，在这样的环境中发生的化学反应并不明显。麦凯提出的下述场景算是一个有意思的预测，尽管它是推测性的：如果泰坦的湖泊中存在生命，并且这种生命会消耗氢，那么泰坦表面附近大气中的氢将会被耗尽。2010 年，约翰斯·霍普金斯大学的行星科学家达雷尔·斯特罗贝尔发现，卡西尼号的数据确实表明，氢分子正在土卫六的大气中向下流动，这颗卫星表面的氢基本上消失了。丹佛美国地质调查局的罗杰·克拉克领导的另一项研究绘制了泰坦表面的碳氢化合物分布图，并发现那里缺少乙炔——这一结果也与麦凯的推测一致。尽管如此，包括麦凯本人在内的大多数研究人员警告说，氢气和乙炔的结果也都可能有非生物学的解释。特别是，虽然包含许多不确定的假设，但对泰坦上预期的生物量密度（生物体的质量密度）的估计表明，乙炔的明显减少不太可能是由生物过程引起的。正如美国国家航空航天局天体生物学研究所泰坦团队的首席研究员马克·艾伦所说："科学保守主义认为，只有在所有非生物解释都被阐明之后，才能去考虑生物解释……更有可能的是，不需要生物化学过程就可以解释这些结果，如由矿物催化剂催化的反应。"然而，麦凯强调，即使发现了一种在泰坦的寒冷温度条件下有效的非生物催化剂，其本身也令人震惊。

鉴于泰坦的独有特征，当我们听到这颗卫星激发了不止一种猜测时，我们不应该感到惊讶。例如，约翰斯·霍普金斯大学应用物理实验室的行星科学家拉尔夫·洛伦茨、康奈尔大学的乔纳森·鲁宁和韦仕敦大学的凯瑟琳·内什提出，如果泰坦湖含有微量的氰化氢，那么它们作为溶剂的能力将显著提高。这种可能性不能通过观测排除，因为氰化氢的相对丰度无法根据目前可用的数据来确定。关键在于，研究人员认为，氰化氢具有极性，因此这些湖泊可能溶剂化（用溶剂配制离子溶质），甚至制造出像水这样的极性分子。如果这一推测得到证实（通过精确的实验室实验），那么泰坦表面存在（某种形式的）生命的可能性会大大提升。我们应该注意到，泰坦上确实存在氰化氢。惠更斯号探测器在泰坦大气中降落时，它在地表上方约 60 英里处检测到氰化氢冰的迹象。此外，2014 年，荷兰莱顿大学的行星科学家莱姆科·德科克及其团队检查了卡西尼号的红外光谱仪收集的数据，并在泰坦南极上方的云层中发现了几个特征。他们得出结论，这些特征是由氰化氢冰产生的。让人好奇的是，既然氰化氢有可能对地球生命的出现至关重要，那么原则上它可能也是泰坦生命起源的促进因素。

泰坦为各种猜测提供了肥沃的土壤。例如，瑞典查尔默斯理工大学的理论化学家马丁·拉姆和希尔达·桑德斯特伦提出，细胞膜是我们已知生命的主要特征之一，但对泰坦上的天体生物学来说，这可能是完全不必要的。相反，他们提出，生命分子可以简单地依靠泰坦的冰冻环境结合在一起。他们认为，这些分子可能会黏附在岩石上，漂浮在那里的营养素为它们提供“免费午餐”。

虽然所有这些天马行空的想法目前都还处在科学和科幻小说之间的阶段（我们将在第 10 章讨论更多我们所不知道的生命可能性），但美国国家航空航天局还是计划在 2026 年向泰坦发射旋翼着陆器“蜻蜓”。这种多旋翼无人机式飞行器预计于 2034 年抵达土卫六，飞往土卫六表面的数十个地点，寻找前生命水基或碳氢化合物化学过程的潜在迹象。

太阳系中肯定还存在原则上可以支持简单生命的其他天体，尽管这些天体的条件可能比我们目前讨论的行星和卫星要弱一些。除木卫二之外，木星的卫星木卫三和木卫四很可能也有地下海洋。木卫三的直径约为地球直径的41%，甚至还有强大的磁场。然而，这些海洋的海底似乎是由高压压缩的冰组成的，而不是由带有热液喷口的岩石组成的，因此生命在那里繁衍生息的可能性较小。但如果生命通过小行星撞击被运送到这些海洋，它们也许可以幸存。欧洲航天局的一项名为木星冰月探测器（JUICE）的任务，将会研究木卫三、木卫四和欧罗巴。它计划让航天器进入木卫三周围的轨道，以确定其内部结构。这个探测器于2023年4月14日成功发射，预计8年后到达木星。在发射前的最后准备工作中，研究人员在航天器上安装了一块纪念牌匾，以纪念第一个通过望远镜观察和研究木星的四大卫星的人——伽利略。

一些（有限的）证据表明，海王星的卫星海卫一上可能存在地下海洋，在矮行星冥王星地表充满氮冰的盆地斯普特尼克平原的冰层下可能也有地下海洋。土星的小卫星土卫一冰冷的地壳下或许也藏着一个年轻的海洋。同样，矮行星谷神星的图像（由美国国家航空航天局“黎明”任务于2015年拍摄）显示它存在地质活动。再结合水蒸气的证据和谷神星表面碳酸盐的推定检测，完整的观测数据表明，这颗矮行星上可能也存在地下海洋。令人惊讶的是，2024年，研究人员在位于柯伊伯带的冰冷的矮行星厄里斯和马克马克的内部发现了地热活动的证据，詹姆斯·韦伯太空望远镜则在其表面检测到甲烷。这表明，在其岩石内核中可能有产生甲烷的热过程。

从地质学的角度看，所有这些天体本身都非常有趣，它们可能提供有关太阳系形成和演化的重要线索，但我们发现它们并不像欧罗巴、土卫二和土卫六那样有希望成为生命的栖息地。重要的一点是，我们应该充分探索木星和土星的一些卫星。即使未能在这些天体的地下海洋（或泰坦的甲烷湖）中检测到任何生命迹象，它们也可以为我们定义宜居性提供重要的见解。

在过去的 30 年里，数千颗太阳系外的行星和行星系统的发现使天文学家变得雄心勃勃，并将对太阳系外生命的探索扩展到银河系。这便是我们旅程的下一步。

第 9 章

对系外生命的天文探索

如果我停止寻找，我就惨了，我会迷路。这就是我的看法——继续前进，无论发生什么，都要继续前进。

文森特·凡·高，《凡·高手稿》

如果我们在火星、金星或太阳系的某颗卫星上找到任何形式的生命，这无疑是一个极其令人兴奋的发现。然而，除非这种生命具有一种完全独立于地球生命的谱系——一种真正的“第二起源”，否则人们就会怀疑这两个地方的生命有同一个来源，只是从一个地方传播到了另一个地方（如通过小行星撞击）。毫无疑问，在太阳系外的某个遥远行星（系外行星）上发现生命会更加激动人心，其影响将远远超出科学范畴，真正改变我们对自己在宇宙中的位置的看法。除非在不久的将来地外技术文明实际访问地球（目前还没有令人信服的证据表明这件事曾经发生过），否则要想发现地外生命，只能通过各种天基望远镜和地基望远镜。

第一步是探测系外行星。天文学家在观测系外行星时面临的主要问题是，这些行星绕转的恒星通常比轨道行星亮上数百万倍乃至数十亿倍。例如，像太阳这样的恒星比任何绕其运行的类地行星都要亮上 10 亿倍。行星反射的所有光都会被来自其寄主星的强大辐射淹没。为了解决这个问题，天文学家想出了巧妙的观测技术。由于我们只是对生命的探测感兴趣，我们不会详细讨论所有系外行星的探测方法，而是概述发现系外行星的主要方法，然后介绍用于发现生命迹象——生物印记的技术。

探测系外行星

目前已知的大多数系外行星都是通过以下两种方法发现的：凌日测光法和径向速度法。凌日测光法依赖于这样一个事实：如果从地球上看，一颗行星在其寄主星前方穿过（被称为“凌日”），那么观测到的恒星通量通常会下降1%左右。径向速度法是基于两个引力天体围绕其质心旋转的物理原理。行星并不是围绕一个静止的恒星运行，事实上，恒星及其行星都在围绕它们的共同质心旋转，并且被相互间的万有引力吸引在一起。这意味着，除非我们看到行星轨道精确地处于极点，否则我们将观察到恒星被轻微地推动（因为它的质量通常比行星的质量大得多）。但由于行星施加的引力，恒星会周期性地变位，有时朝向地球，有时远离地球。这种运动的径向（沿观察视线方向）速度，可以根据恒星谱线的周期性位移推断出来。这种谱线的位移是由于多普勒效应：当恒星朝向我们运动时，光波被压缩，其频率向蓝端略微位移（蓝移）；当恒星远离我们时，光波被拉伸，其频率向红端位移（红移）。当然，当行星质量与恒星质量的比值较大时，通过径向速度法更容易检测到行星，因为这时恒星受其行星引力的影响更大，蓝移和红移也更大。我们应该注意到，天文学家测得的径向速度是恒星的实际速度在观察视线方向上的投影。只有在我们精确地看到行星轨道的边缘时，我们才能测得速度的实际值。因此，当我们应用天文学家约翰尼斯·开普勒在17世纪发现的行星运动定律时，通常只能得出行星质量的最小值。径向速度法可以确定一个非常接近凌日位置的行星质量的精确值，因为我们只有在沿轨道平面观测时才能看到凌日现象。

在 2009 年开普勒太空望远镜发射之前，绝大多数系外行星都是利用径向速度法发现的。但从开普勒太空望远镜升空后，大多数系外行星的探测都是通过凌日测光法实现的。到 2023 年年底，天文学家借助凌日测光法已发现了 4 000 多颗系外行星，而通过径向速度法发现的系外行星仅有 1 000 多颗。从形式上讲，当一颗行星从恒星前方经过时（从地球上看），或者一般来说，当两个天体中较小的一个从另一个前方经过时，我们称之为凌日。而当较大的天体从较小的天体前方经过时，我们称其为掩星。显然，并非所有行星都会发生凌日现象，因为凌日只有在行星的轨道平面与观察者的观测方向完全平齐（共处一个平面）的情况下才会发生。人们很容易证明，由于行星轨道相对于我们视线的倾角应该是随机分布的，因此在恒星-行星系统中观测到凌日的概率取决于恒星半径和行星轨道半径（圆形轨道，对于椭圆轨道则取轨道的半长轴）之比。这意味着，正如预期的那样，密近行星发生可观测凌日的概率更高。平均而言，对于密近轨道上的行星，凌日概率约为 10%，而且轨道越大，凌日概率就越低。例如，对于一颗在圆形轨道上绕类日恒星运行且直径等于地球绕日轨道直径的行星，其凌日概率小于 0.5%。因此，为了寻找凌日系外行星，必须扫描数十万颗恒星，至今已进行了数千次检测。在开普勒太空望远镜在轨运行的 9.6 年里，它通过观测 50 多万颗恒星发现了 2 660 多颗系外行星。

在凌日期间观测到的亮度下降量约等于恒星表面被行星遮挡部分的面积。因此，天文学家可以根据观测到的亮度减少来确定系外行星的半径，根据观测到的光度和表面温度可算出恒星的半径。对于凌日的系外行星，行星轨道几乎与观测方向在一个平面上，我们可以根据径向速度算出行星的质量。质量和半径共同决定了行星的平均密度，因为密度等于质量除以体积。了解行星密度是寻找生命的关键，因为类地行星（地球或火星等固态岩石行星）的平均密度大于木星或土星等气态巨行星。有趣的是，对TRAPPIST-1系统的观测表明，这7颗行星都是岩石行星，密度非常相似。（TRAPPIST-1系统由7颗地球大小的行星组成，它们都围绕一颗约40光年外的红矮星运行。）

凌日测光法的一个缺点是检测错误率较高。错误主要有三个来源。第一，在一些食双星系统中，食星只是掠过恒星的边缘（从地球上看），从而产生一个非常小的倾角，很像行星凌日。第二，在一些食双星系统中，沿观测视线方向碰巧存在另一颗恒星，给人一种比实际食深要浅的印象，这种情形同样类似于行星凌日。第三，如果白矮星与行星的大小大致相同（褐矮星也是如此），那么它们也会产生与系外巨行星类似的变暗现象。在所有这些情况下，天文学家都需要使用其他观测数据来排除错误。

其他探测系外行星的方法还包括引力微透镜效应，其原理是恒星及其行星的引力场会放大背景恒星的光，产生特征光曲线。到2023年年底，天文学家通过这种方法发现了200多颗系外行星。另一种方法是天体测量法，它是指精确观测恒星在天空中位置的微小变化。由于行星的存在，恒星会围绕二者的质心摆动，但到目前为止，天文学家运用这种方法只发现了几颗行星。还有一种方法是直接成像法，即通过行星自身的热发射来探测行星（这种方法有望在未来更先进的望远镜出现后获得更多关注）。基于现有的技术，到2023年年底，天文学家通过直接成像法发现了大约70颗系外行星。

还有一种有趣的方法是脉冲星计时法，即通过对中子星的射电脉冲的计时异常的观测来推断围绕这颗脉冲星旋转的行星。截至目前，天文学家运用这种方法发现的不寻常行星已超过 6 颗。

总而言之，我们主要对能探测生命迹象的方法感兴趣，下一代大型望远镜可能会为我们提供强大的成像工具。例如，配备日冕仪的太空望远镜可以阻挡来自中心恒星的光线，就像你用手遮挡明亮的阳光一样，从而对行星成像。也有人提议在太空中的某个位置（在待观测的恒星和太空望远镜之间）放置一块恒星遮光板，以阻止刺眼的星光进入望远镜。

发现系外行星只是第一步。我们的主要目标是确定哪些系外行星适合生命居住，或者更幸运的是，其中某一颗上是否真有生命存在。

宜居的系外行星

大多数天文学家都认同，判断一颗行星“宜居”的最简单标准就是它的岩石表面有稳定而持久的液态水。换句话说，如果我们能直接探测到系外行星表面存在水体，那么这颗行星将被视为宜居。这种探测也许可以由下一代太空望远镜来实现。

为了达成这一目标，我们的观测应基于这样的事实：当我们采用间接观察的方法时，海洋（和湖泊）对光的反射与陆地不同，它会产生闪光，这种现象被称为闪烁。你可能还记得，我们在土星的卫星泰坦上的一个湖泊已经观测到了这种闪烁（尽管该湖泊是由液态甲烷而不是液态水构成的）。此外，当系外行星一边围绕其自转轴旋转一边围绕其主星旋转时，我们可以观察到行星表面的不同部分，这些部分会被恒星以不同的角度照亮（有点儿像月球的相位）。鉴于海洋和湖泊比陆地的反射性更强，通过模拟行星运行并仔细观察分析它们发出的光，研究人员可以构建表面反射率（被称为反照率）的分布图，从而发现是否存在海洋。华盛顿大学的科学家将他们的模拟结果与美国国家航空航天局EPOXI（太阳系外行星观测和深度撞击扩展研究）任务对地球的远距离实际观测结果进行比较，并得出结论：未来计划中的口径超过6米的太空望远镜，可以测得宜居带中1~10颗围绕最近的类日恒星或较小的恒星运行的系外行星的闪烁效应。研究人员还开发了数据分析工具，通过直接成像观测（也要依赖未来的望远镜）绘制行星表面地图，可以间接地检测海陆异质性和不同的云层覆盖情况。

到目前为止在不能对海洋进行直接观测的情况下，天文学家只得依靠其他方法来确定哪些系外行星是宜居的。这些方法包括对大气温度和压强的观测，以及对大气中水蒸气的检测。粗略地说，如果一颗岩石（陆地）系外行星位于其主星的宜居带内，它就有可能是宜居的。需要注意的是，天体生物学家甚至试图找到“超宜居”行星，这意味着恒星的系外行星系统原则上可以使某些行星比地球更适合生命存活。在本章的论述中，我们不考虑围绕太阳系外巨行星运行的卫星上存在生命的可能性，因为对此类卫星的详细观测超出了现有望远镜的能力范围。事实上，迄今为止，没有一颗系外卫星得到确认，但我们检测到了一些备选者（例如，2022年11月检测到的系外行星开普勒–1513b周围的一颗卫星）。我们还排除了在系外行星冰壳下的液态海洋中存在生命的可能性，因为短期内我们不太可能远程探测到这种生命类型。

还有其他两个因素决定了我们是否能在系外行星上探测到生命。

一个因素是主恒星的理论预期寿命。如果地球生命可以作为大致的参考，那么寄主星（生命的主要能量来源）至少需要存活几十亿年，才能使可检测的生物印记在轨道行星上发生进化。例如，系外行星大气中高浓度的氧气被认为是一种良好（但不具有决定性）的生物印记。然而，检测出生物氧有两个条件：第一，有氧光合作用；第二，产生的氧气在浓度上升前有足够的时间氧化所有地表铁。此外，可能还需要埋在地下的还原性（有机）碳才能使氧气积聚至高浓度。大质量恒星疯狂地消耗它的核燃料，恒星的质量越大，寿命就会越短。例如，虽然我们的太阳在稳定的氢燃烧阶段的寿命约为 100 亿年，但对于质量是太阳质量 10 倍的恒星，其寿命仅为 2 000 万年左右。因此，我们可以预期，只有在质量小于 1.5 倍太阳质量的恒星周围才能发现活跃的生物圈。

决定宜居性的还有另一个因素。即使是处于宜居带内的类地行星，我们也应该考虑能容纳一颗宜居行星的恒星，它的质量是否有下限的问题。这个问题尤为重要，因为 0.08~0.5 倍太阳质量的M型矮星约占银河系全部恒星的 70%（这些恒星的光非常微弱，在地球上用肉眼是看不到的）。这些小质量恒星也是寿命最长的恒星，一颗质量为太阳质量 1/2 的恒星预计可以存活 600 亿年，一颗质量是太阳质量 1/10 的恒星可以存活数万亿年。因此，这些恒星原则上至少可以为生命的出现和进化提供最大的时间跨度。此外，天文学家推测，多达 80% 的M型矮星的宜居带内可能有行星。

尽管M型矮星在生命可能性方面具有看似积极的属性，但人们对M型矮星作为宜居行星的主星提出了一些担忧。这里只列举其中的几条。第一，M型矮星经常发生剧烈的燃烧活动，辐射爆发还会引发质量喷射。恒星的质量越小，耀斑的发生频率越高，振幅也越大。此外，即使是不太活跃的M型矮星，在其演化的前10亿年也会发生耀斑及明显的紫外辐射和X射线辐射。暴露在这些恶劣事件下的行星可能会失去大气或海洋，并在恒星进入其漫长的氢燃烧阶段（被称为主序星阶段）时被彻底消杀。第二，由于M型矮星周围的宜居带更靠近中心恒星（基于这些恒星的低光度），行星很可能会被引力相互作用的潮汐锁定，只以固定的一面朝向其主恒星（就像我们的月球与地球潮汐锁定，土卫二与土星的潮汐锁定一样）。这会使系外行星的永久白天侧与永久黑夜侧之间产生巨大的温差，黑夜侧的气体冻结成固体，白天侧则被恒星炙烤。因此，科学家过去对潮汐锁定的行星能承载生物圈持怀疑态度。他们认为，如果那里真有生命，那么它们就只能存在于分隔线周围的那个永恒且狭窄的暮色地带。

近年来，关于围绕M型矮星运行的行星是否宜居的观点有所变化。一些研究人员认为，磁场可以保护系外行星免受耀斑的危害，并通过减弱恒星风的影响来防止大气和海洋的严重侵蚀。研究人员通过理论模拟明确了大气循环机制，在大气密度足够大的情况下，白天的热量可以循环和分配到夜晚。例如，可能会有强风将在高空的热气吹向黑夜，将在低空的冷风吹向白天。此外，英国埃克塞特大学的研究人员通过建模证明，空气中的矿物粉尘可以使被潮汐锁定的行星的白天得到冷却，使夜晚得到加热，从而扩大可居住的区域。这些研究人员还发现了一种合理的反馈机制，可以增加大气中的尘埃量，减缓（宜居带内行星）白天的水分流失，使这些行星在更长的时间内保持宜居性。因为这类理论设想，也许还因为“近水楼台”效应（许多已发现的围绕M型矮星运行的宜居带内行星都是最先得到研究的），这类天体已成为我们寻找太阳系外生命的主要目标对象。人们希望詹姆斯·韦伯太空望远镜至少可以回答一个重要问题，即围绕M型矮星运行的系外行星是否能形成稳定的大气层。由于来自M型矮星周围的岩石行星的潜在生物印记信号非常微弱，即使是詹姆斯·韦伯太空望远镜可能也无法为我们提供更多信息。正如芝加哥大学天文学家雅克布·比恩所说："它们（詹姆斯·韦伯太空望远镜的观测）或许可以告诉我们是否存在大气，但它们告诉我们这些系外岩石行星上是否有生物印记的可能性微乎其微。"

我们也可能会收获惊喜，有些天文学家持更为乐观的态度。例如，麻省理工学院的天体物理学家萨拉·西格尔寄希望于詹姆斯·韦伯太空望远镜能确定M型矮星的宜居带内行星的大气中是否有水蒸气（如果有，这可能意味着它们的表面有液态水）。无论它将发现什么，毫无疑问，这台强大的望远镜不仅会让我们看到系外行星惊人的多样性，还会让我们第一次看到潜在宜居行星的大气层（或者至少能告诉我们是否存在这样的大气层）。

生命的证据

假如我们在类日恒星或M型矮星的宜居带内发现了一颗类地行星，我们该如何判断它是否有生命？除了探测生命所涉及的众多技术难题（我们将予以简要描述），生命进化本身也障碍重重。例如，如果 30 亿年前有人用现代望远镜观测地球，那么他很可能不会发现任何生命迹象，虽然 35 亿年前地球上就出现了生命。这里的关键问题在于，在生命有足够的时间改变行星的大气和表面环境，使外界能够通过望远镜清楚地分辨这些变化之前，是不可能检测到任何明确的生物印记的。生命对其栖息地的重大影响属于"生态位构建"

的范畴。需要明确的是，当我们谈论系外行星上的生物印记时，我们指的是任何可以作为过去或现在生命存在证据的性质、物质或特征。从本质上讲，只要未明确检测到智慧技术物种的遥感信号（技术印记），就不足以证明生命存在。

我们在前文中提过地球上生态位构建的最佳案例之一：通过蓝藻（或蓝绿藻）的含氧光合作用，使地球大气富含氧气。值得注意的是，在大约 24 亿年前，地球大气中还没有氧气。但也是从那个时候起，氧气浓度在较短的时间内增加了几个数量级，这被称为“大氧化事件”。在 7.5 亿年至 4.6 亿年前，氧气浓度再一次骤增，达到现代水平。事实上，地球上大型多细胞生命形式的出现和多样化可能离不开海洋和大气中氧气含量的第二次大幅增加。

大多数科学家认为，生命对地球环境产生影响的另一个更令人不安的例子，就是地球上的人类活动引起的气候变化，以及与之相关的生物多样性下降和海洋酸化的加剧问题。在地球存在的 45 亿年里，人类似乎成了第一个能决定地球生物圈未来的物种。下面的统计数据可以表明人类对海洋酸化和生物多样性的影响。自工业革命以来的 250 多年里，由于大气中二氧化碳浓度的增加，海洋酸度增加了约 30%。生物多样性是衡量地球上各种生命形式的关键指标，包括物种数量、遗传变异及其在复杂生态系统中的相互作用。在 2019 年发表的一份联合国报告中，科学家发出警告，（在全部 870 万个物种中）有多达 100 万个物种濒临灭绝。

在探索系外生命的众多挑战中，有一项是如何清除“假阳性”。假阳性是指那种表观上看似生物印记，但实际上是由不涉及生命的过程（非生物过程）留下的印记。在研究火星和金星上是否存在生命的过程中，我们已经遇到了这种困难，但在处理从遥远的系外行星观测中获得的相对有限的望远镜数据时，这个问题显然要严重得多。因此，我们与其回顾所有潜在的生物印记和整套观测技术，不如专注于在不久的将来可能会成功发现系外生命（假设它存在）的几种技术。

通过探测气态生物印记以期在其他行星上发现生命的想法并不新鲜。早在 1965 年，“盖亚假说”的创始人詹姆斯·洛夫洛克就发表了一篇题为《生命探测实验的物理基础》的文章，提出生物体与其无机物环境构成了一个协同系统。在这篇论文中，洛夫洛克富有先见之明地将与大气其他成分处于化学失衡状态的气体确定为生命的迹象之一。他写道：“要寻找与地球大气长期不相容的化合物，例如，氧气和碳氢化合物可以在地球大气中共存。”同一年，分子生物学家、人工智能研究员约书亚·莱德伯格也发表了一篇可用于探测生物印记的方法的文章，并且特别提到了火星。

寻找气态生物印记背后的原因很简单。新陈代谢是生命的特征之一，它会产生副产品，随着时间的推移，这些副产品会在大气中积累。如果我们能够找到一种用于探测系外行星大气中的这些副产品的方法，那么这些行星至少在原则上有可能存在生命。

从理论上讲，识别可能表征生命存在的气体类型很简单：要么是不能通过纯粹的非生物化学反应产生的气体，要么是不能在大气中长时间保持热化学平衡的气体。在后一种情况下，如果在系外行星的大气中发现了这种气体，这就意味着它们在不断地大量产生，而它们目前已知最可能的来源就是生命。

为了确定应该寻找哪些气体，行星科学家、大气科学家和天体物理学家采取了两种不同但互补的策略。第一种策略是，鉴于地球本身就有生命，他们将地球视为系外行星，并详细研究了地球大气的光谱。这一方面是通过远离地球的航天器观测来实现的（例如，EPOXI任务就是在3 100万英里的距离外对地球进行几个月的观测），另一方面是通过分析地球辉光来实现的，即地球反射的用于照亮月球暗面的那部分太阳光。

第二种策略是，研究人员对系外行星的大气进行了数千次的计算机模拟，在模型中，他们详细检查并跟踪了大气化学的演变，包括各种成分和寄主星的类型。当然，科学家努力确保反应网络既包含能在大气中产生可追踪分子的主要过程，也包括可以破坏和去除这些分子的过程。

通过上述密集的研究工作，研究人员提出了一份最佳备选生物印记气体的"清单"。这个列表很短，只包括分子氧、臭氧和一氧化二氮，而水和甲烷则起着重要的支持作用。

在生物印记气体中，研究最广泛的是分子氧（由两个氧原子组成），其次是与分子氧密切相关的臭氧（由三个氧原子构成）。氧气在这份清单中的位置如此之高，其实并不奇怪。第一，在地球上，氧气几乎完全是由光合细菌和植物作为代谢副产物产生的。第二，氧气已成为地球大气的主要成分之一（按分子数量计，占比为21%）。事实上，地球大气中的氧气浓度比人们通过纯（非生物）平衡化学反应所预计的高出约1亿倍。第三，对实际操作非常重要的一点是，氧气的光谱特征原则上可以进行远程检测。例如，分子氧在可见–近红外波段（波长为0.76微米）的反射光较强。该光谱具有额外的优点，即它不会与其他常见气体的光谱重叠。第四，计算机模拟表明，在围绕类日恒星旋转的类地行星上，氧气在不涉及生命的过程（例如，地质或光化学过程——光使水或二氧化碳分子解离，释放出氧气）中不会大量积聚。换句话说，如果我们在这样一颗系外行星上检测到高浓度的氧气（例如 20% 的水平），那么这将是一个非常鼓舞人心的生命迹象。不过，我们应该注意的是，几项模拟潜在的地外世界大气的化学研究表明，非生物氧可能会在围绕其他类型恒星（特别是M型矮星）旋转的行星上累积。例如，在失控的温室过程导致海洋蒸发率很高的系外行星上，水蒸气可能会进入大气平流层，并在那里被寄主星的辐射分解（氢气流失到太空中），产生较高浓度的氧。另一种能产生类似于地球分子氧积聚效果的非生物机制是氧化钛的催化作用，可在地球表面分解液态水。因此，详细的大气研究突出了"假阳性"的风险，这意味着仅检测到分子氧（或臭氧，见下文），不能被视为生命存在的确凿证据。与此同时，分子氧或臭氧的非生物产生过程可能会留下其他线索，我们可以凭借这些线索将其确定为非生物过程。例如，如果氧气确实是从水蒸气分子的分解中释放出来的，这可能会导致水蒸气的缺乏。

正如我们上面提到的，热化学不平衡是表明生命存在的另一个标志。一项旨在调查地球大气中最极端的不平衡状态的研究发现，高浓度的分子氧、分子氮和液态水共存是表明最不平衡状态的指标。如果没有生物体的作用，氧气、氮气和水将参与一系列反应，在海洋中产生硝酸盐（由一个氮原子和三个氧原子组成的盐），达到平衡状态。因此，若能发现某系外行星有这三种成分（液态水及高浓度的氧气和氮气），它将是生命起源地的有力竞争者。原则上，使用下一代望远镜进行此类探测是可行的。海洋可以通过闪烁效应来揭示，分子氧可以通过其在近红外波段的吸收特征来揭示，分子氮则可以通过氮分子之间的碰撞在 4.1 微米波长处的吸收特征来揭示。不过，需要强调一点，这些并不意味着这种检测很容易做到或已迫在眉睫。相反，它只代表了不久的将来我们会面临的一个有价值的挑战。

臭氧是另一种有研究前景的生物印记气体。地球平流层中的臭氧是由光化学反应产生的：来自太阳的紫外辐射使分子氧分解，由此产生的原子氧与分子氧结合形成臭氧这种三原子分子（通常需要能吸收能量的氮分子的帮助）。臭氧之所以是一种有吸引力的生物印记气体（除了形成臭氧需要分子氧的原因之外），是因为它吸收能量时的光谱特征出现在光谱的紫外和中红外波段，不会与分子氧的突出带重叠。

另一种备选生物印记气体（至少对我们已知的生命来说）是一氧化二氮，它由两个氮原子和一个氧原子组成。在现代地球上，这种气体通常是由生命过程的微生物反应产生的。很少有非生物源会产生一氧化二氮（尽管闪电能够做到），或者只会产生极低浓度的一氧化二氮。虽然在围绕磁场非常活跃的恒星旋转的系外行星上，紫外线可能会产生更多的一氧化二氮，但我们可以（至少在原则上）将这种产生方式与生物产生方式区分开来，因为预计会有大量其他相关和可检测的化合物（如氮氧化物）存在。

在寻找生命的背景下，甲烷也是经常被考虑和讨论的备选气体之一（正如我们在火星的观测和实验中已经看到的那样）。从热力学角度看，甲烷是还原性大气（指容易发生释放氧的还原性化学反应的大气，如以氢气为主的大气）中最稳定的含碳分子。你应该记得，除了单细胞生物（产甲烷菌）能产生甲烷外，甲烷还可以通过各种非生物过程产生，就像土星的卫星泰坦一样，那里甲烷的含量十分丰富。但甲烷仍然非常有用，因为如果我们发现甲烷是和氧气或臭氧在一起（或者与其他氧化性气体在一起），这将是生命存在的有力证据。甲烷和氧分子同时存在是生命活动的一个相当可靠的印记，原因是甲烷在含有氧分子的大气中不能存续很长时间，就像大量学生和许多奥利奥饼干不能在同一地点共存很长时间一样。甲烷和分子氧会迅速发生氧化反应，转变为二氧化碳和水。这意味着，如果同时观察两者，就必须不断补充甲烷，在有氧气的情况下，补充甲烷的最简单方法是通过生命过程。反之亦然，想要让富含甲烷的大气中一直有氧气存在，就必须不断地产生氧气，而最好的实现方式就是通过生物过程。二氧化碳（通常代表着中性或氧化性大气）和甲烷同时存在也可以表征生命，因为甲烷必须通过生物过程或岩石与水之间的反应产生，这至少间接表明了行星表面存在液态水。正如我们在前面的章节讨论的那样，严重的小行星撞击会产生类似米勒–尤里实验的大气层。这个过程相对短暂，但也可能会持续数百万年，具体取决于撞击物的大小。从前生命化学的角度看，检测到这种大气将非常令人兴奋，尽管这种还原性大气可能会给出令人困惑的信号。

不过，对系外行星的探测不同于对火星的探测。火星上有两套探测系统并行，一套是在火星表面行驶的火星车，另一套是绕火星运行的探测器。而探测系外行星上的甲烷却没那么容易。甲烷的最强光谱带集中在7~8微米（红外波段），与一氧化二氮和水的特征光谱重叠。因此，要想令人信服地探测到系外行星上的甲烷，就必须使用具有高光谱分辨率的望远镜。除此之外，地球大气的历史表明，同时检测到氧气和甲烷可能是一种妄想。在今天的地球上，甲烷的浓度非常低（约为百万分之1.6），以至于无法检测到其特征光谱。另一方面，在早期的地球上（如40亿年至25亿年前的太古宙时期），甲烷水平可能较高，但氧气完全不存在。在太古宙时期，同时检测到二氧化碳和甲烷（并伴随着液态水和氮气）可能是潜在生命形式存在的指征。

此外，还有一种有趣的可能性，即涉及高浓度甲烷的光化学会形成一种可检测的有机霾。这种霾类似于我们在土星的卫星泰坦上观测到的橙色霾，它会吸收紫外线，在可观察到的反射光中产生独有的特征光谱。虽然有机霾并不能表征生命的存在，但它可用于遴选值得进一步研究的潜在宜居的系外行星。事实上，大撞击后也会形成有机霾，导致短暂的非平衡大气状态。

考虑到假阳性的风险，我们无法把某一种气态生物印记作为生命存在的确定证据。因此，除了那些最有希望的备选气体之外，天文学家还考虑了其他一些暗示生命存在的气体。其中就包括含硫气体，这种气体作为生物印记具有次要意义，因为新陈代谢确实会直接产生含硫气体，如硫化氢和二氧化硫，而火山和热液活动能产生更多的含硫气体。就生物印记而言，某些微量含硫气体可能更有趣。研究表明，有些恒星的紫外辐射可以催化较复杂的有机硫化合物［如二甲基硫（DMS）和二甲基二硫］产生大量乙烷。因此，异常高水平的乙烷表明可能存在一个富含硫的生物圈。此外，乙烷在中红外波段具有很强的光谱特征，因此对其进行检测是绝对可行的。正如我们稍后将会看到的那样，2023 年 9 月，有报道称在一颗系外行星上有可能探测到二甲基硫。在地球上，大气中的大部分二甲基硫都是由海洋环境中的浮游植物排放的（而在非生物产生方式方面，

我们还需要做更多的研究）。

研究人员还考虑了含氯气体氯甲烷。这种气体通常由各种植物、藻类及腐烂的有机物产生，但它也可能是由火山活动等非生物过程产生的。氯甲烷之所以不那么有吸引力，可能主要是因为在大多数情况下，它不能在系外行星的大气层中留存很长时间（它与氢氧化物的反应强烈）。能够发现氯甲烷的唯一地方是小型红矮星（M 型矮星）周围的行星大气，这些行星恰好缺乏燃烧活动（也就不会发生水的光解）。

生命也可能以不同于在大气中产生气态生物印记的方式来改变行星环境。例如，生命可能会改变行星表面的反射和吸收特性，它还可能在行星的观测光谱中产生季节性或其他时间依赖性的变化。在下文中，我们将简要讨论生命在地表留下的一些潜在印记。

处于边缘的生命

最受关注的地表生物印记是由植被导致的，被称为植被红边（VRE）。植被红边表明了这样一个事实，即在光谱的近红外部分，植被的反射率会发生非常急剧的变化。植物中的叶绿素吸收了大部分可见光（如波长范围为 0.66~0.7 微米的蓝光和红光被吸收），但植物会散射和反射近红外光（波长范围为 0.75~1.1 微米）。因此，植被的反射率会阶梯式增加，从 0.68 微米波长（可见红光）处的约 5% 增加到 0.76 微米波长（近红外光）处的约 50%。顺便说一句，这就是树叶在红外摄影中看起来非常明亮的原因，也是植被红边经常被地球观测卫星用于检查森林和植被状况的原因。

据估计，在类地系外行星上探测植被红边仍然极具挑战性，因为即使我们用的是分辨率较高的望远镜，也需要系外行星不仅有很大一部分表面被植物覆盖，而且在一天中的主要时间里植被区上空没有云层。满足最后这个条件并非易事，因为来自地球静止卫星的数据表明，大片森林区的云层覆盖率会大幅增加。

虽然植被红边是一种真正的生物印记（因为目前还未找到假阳性的非生物来源），但它只基于地球植被的特性，这使得它对系外行星的适用性不太确定。例如，除叶绿素以外的物质可能会在不同波长下产生“边缘”或其他类型的特征（其他边缘特征也更容易出现假阳性）。

研究人员还将手性作为一种潜在的地表生物印记进行了研究。手性是指生命分子相对于其镜像具有不对称性。例如，尽管大多数氨基酸都以左旋和右旋两种形式存在，但地球生命仅由左旋氨基酸组成。假设这种对“手性”的偏好是宇宙中大多数生命的特征，对手性的检测就可以确定行星表面是否存在生物。然而，手性检测是一项相当困难的任务，也许可以通过偏振光谱来实现。光由振荡的电场和磁场组成，这两个场总是相互垂直。按照惯例，光的偏振指电场的方向。当电场沿单一方向振荡时，我们称之为线偏振。在圆偏振的情况下，当波传播时，电场在平面内会以恒定速率旋转（沿右手或左手方向）。光谱吸收可以产生一定程度的线偏振，例如，在地球辉光中已经检测到了这种效应。线偏振在可见光中的发生率较高，在近红外光中则较低，这与植被红边的反射率正好相反。但是，尘埃的散射也会产生类似的效果，因此存在假阳性的风险。圆偏振虽然可以作为氨基酸光学作用的可靠印记，但因为预期的信号极其微弱，有可能无法检测到。

除了稳定的气态生物印记和地表生物印记外，天文学家还考虑了时变生物印记，例如，二氧化碳、分子氧和甲烷等气体浓度的变化，以及行星表面反射率（反照率）的变化。在地球上，这种印记通常是由季节变化和植被的相关变化导致的。然而，由于预期的变化最多只有百分之几的量级（也容易出现假阳性），目前对时间生物印记的可靠检测似乎超出了下一代望远镜的能力范围。

我们意识到，就其本质而言，对生物印记的所有讨论都是技术性的。然而，总体情况既简单又非常令人兴奋——我们要么在不久的将来发现太阳系外生命，要么很快就能对地外生命的罕见程度增加一些有意义的限制条件（在未被探测到的情况下）。毫无疑问，在系外行星上发现的简单生命迹象很可能是生物印记气体。这些气体可能表征了系外行星大气的不平衡状态，也可能是在经历过光合作用的生物圈中产生的。天文学家意识到，检测到高浓度的分子氧（如通过臭氧的发现）可能是最有希望的迹象。然而，直到最近，研究人员依然认为詹姆斯 · 韦伯太空望远镜无法探测到氧气。原因很简单：詹姆斯 · 韦伯太空望远镜的设计初衷并不是检测遥远行星的氧浓度，也不是寻找最有可能宜居的系外行星。它本来的目的是深入宇宙，比哈勃太空望远镜看得更远，从而向我们展示宇宙中最初形成的星系。考虑到其独特的红外视觉，詹姆斯 · 韦伯太空望远镜应该无法观测到氧气最突出的特征光谱。但天文学家不会因此就放弃对如此出色的望远镜的运用。2018 年，华盛顿大学的天体生物学家乔舒亚 · 克里山森–托顿领导的研究团队得出了一个令人兴奋的理论结果。他们通过计算机模拟表明，詹姆斯 · 韦伯太空望远镜可以检测到甲烷和二氧化碳不平衡的生物信号对。具体来说，他们发现詹姆斯 · 韦伯太空望远镜应该能检测出二氧化碳，同时通过限制甲烷的丰度，排除已知的非生物甲烷的产生可能性（置信水平约为 90%）。令人兴奋的是，詹姆斯·韦伯太空望远镜也许能在观测最受关注的潜在宜居系外行星TRAPPIST-1e的大气方面实现这一壮举。TRAPPIST-1e在红矮星的宜居带内运行，质量约为太阳质量的9%。它在质量、半径、表面温度及从寄主星接收的星光通量方面与地球相似，因此当谈及宜居潜力时，它自然而然地成为最值得研究的系外行星之一。另一个受到广泛关注的系统是TOI-700，它有两颗地球大小的行星（TOI-700d和TOI-700e）在宜居带内围绕其寄主星运行。

天文学家并没有完全放弃探测氧气。2020年，由美国国家航空航天局戈达德太空飞行中心的托马斯·弗彻兹领导的天文学家团队指出，詹姆斯·韦伯太空望远镜可能检测到6.4微米的氧气特征光谱，这一特征在系外行星研究中从未被广泛探索过。弗彻兹及其合作者证明，当轨道系外行星大气中的氧分子碰撞（无论是相互碰撞还是与其他气体分子碰撞）时，氧分子可以吸收这种特定波长的红外光，在光谱中产生强烈的特征吸收线，这在较近的系外行星中（原则上）是可以检测到的。如果詹姆斯·韦伯太空望远镜确实探测到富氧的系外行星大气，这将是一个非常鼓舞人心的发现，尽管单一的生物印记气体的存在并不能被视为生命存在的确切证据。

詹姆斯·韦伯太空望远镜已经证明了它在确定系外行星大气成分方面的强大能力。2022年，研究人员在詹姆斯·韦伯太空望远镜获得的巨型系外行星WASP-39b的高保真透射光谱中检测到了二氧化碳，这是人类首次在系外行星上探测到二氧化碳。然而，WASP-39b上不可能有生命，因为它是一颗气态巨星（质量约为木星质量的0.28倍），运行轨道非常靠近其寄主星（轨道周期仅为4天），这导致它的温度极高（约900摄氏度），属于“热木星”类别。令人印象更深刻的是，2023年9月，剑桥大学的尼库·马杜苏丹领导的团队

运用詹姆斯 · 韦伯太空望远镜探测了亚海王星系外行星K2-18b（半径约为地球半径的 2.6 倍，质量约为地球质量的 8.6 倍）大气中的甲烷和二氧化碳。丰富的甲烷和二氧化碳含量（均为约 1% 的水平）加上未检测到氨，这一结果至少与一些模型的预测一致。这些模型表明，富氢大气下存在表层海洋（海洋充当氨汇，将其从大气中吸出）。甲烷本身不太可能由生物过程产生，因为在富含氢气的大气中，它很容易通过碳和氢之间的光化学反应形成。像K2-18b这类行星被称为混合行星（氢和海洋的组合）。有趣的是，研究人员还发现了二甲基硫的潜在迹象，但在撰写本书时，采集的数据还没有显著的统计意义。如果得到证实，这可能就是地外生命的第一个潜在迹象，因为二甲基硫被认为是人类世界的生物标志物。正如我们在前文中提到的，地球上的二甲基硫是由海洋微藻产生的。不过，我们也应该注意到，在 2024 年 1 月发表的一项研究中，美国国家航空航天局艾姆斯研究中心的尼古拉斯 · 沃根领导的一个研究团队提出，詹姆斯 · 韦伯太空望远镜对K2-18b的观测结果可以解释为，它是一个表面不可居住的富含气体的迷你海王星。但无论如何，这些结果肯定会激励人们未来对备选海洋行星的大气展开新的探索。特别是，詹姆斯 · 韦伯太空望远镜观测应该能确认（或反驳）二甲基硫在K2-18b的大气中以显著水平存在。

为了确定哪种大气成分可被视为岩石行星上存在生命的令人信服的证据，华盛顿大学天体生物学家戴维 · 卡特林及其同事试图构建一个概率框架，用于评估某些观测数据是否为真，而不是假阳性。这里列举几个说明性例子。他们估计，如果我们在寄主星的宜居带内发现了一颗地球大小的行星，并且我们可以确认它的表面存在液态海洋（如通过闪烁观测法），它的大气富含分子氧，还含有一氧化二氮和甲烷，那么这颗系外行星上有生命存在的概率将是90%~100%。对于宜居带内的类似系外行星，如果我们只在其大气中检测到分子氧，以及二氧化碳和水蒸气，那么它有生命存在的概率将降至66%~100%。如果我们在一颗系外行星（在宜居带内）上只检测到分子氧，或者只检测到有机霾与大量甲烷，或者只探测到指征植被红边的光谱特征，那么它很可能没有生命存在。比此类探测更少的结果将揭示出这颗行星无生命存在的结论。

我们应该记住，确定系外行星大气的组成是一项严峻的挑战。回想一下，大约30年前，就连探测系外行星也是不可行的。

检测生物印记

目前，最有前景的气态生物印记检测技术是透射光谱法（有时也被称为凌日光谱法）。这种方法最早是由麻省理工学院的天体物理学家萨拉·西格尔和哈佛大学的迪米塔尔·萨希洛夫在发现第一颗凌日系外行星后提出的。在该理论观点发表后不久，哈佛大学的戴维·沙博诺领导的天文学家团队，运用透射光谱法首次确定了一颗系外行星（类木星系外行星HD 209458b）大气中特定气体的存在，这种气体是原子钠（与生命无关）。

透射光谱法背后的原理非常简单。当一颗系外行星经过其寄主星时，恒星的一部分光会穿过行星的高层大气到达地球。其中一部分光被行星大气吸收，大气的成分决定了哪些波长的光会被吸收，而哪些波长的光不会被吸收。因此，通过拍摄行星凌日和非凌日时的光谱，天文学家就可以获得透射光谱。然后，他们通过分析这些观测数据（结合各种气体分子吸收光的已知波长）来发现大气中含有的大量分子。对信号预期强度的计算表明，采用这种技术，人们可以表征M型矮星周围地球大小行星的大气，但无法表征围绕类似太阳的更明亮恒星运行的类似系外行星的大气。特别是，天文学家希望能探测到围绕M型矮星TRAPPIST-1和比邻星（距离太阳系最近的恒星）运行的系外行星大气中的水蒸气（如果存在的话）。在比邻星周围，天文学家发现了两颗行星（和一颗候选行星），其中一颗位于宜居带内。正如我们已经提到的，行星TRAPPIST-1e得到了人们的高度关注，因为这颗系外行星不仅位于其寄主星的宜居带内（TRAPPIST-1 系统中有三颗这样的行星），而且它的质量、大小和相对于中心恒星的轨道位置最像地球。如果研究人员检测到了水蒸气，就表明TRAPPIST-1e的表面有液态水。观测已经证实，TRAPPIST-1e不具备无云、以氢为主的大气，这意味着如果它有大气，它更有可能像太阳系中的类地行星一样拥有致密的大气。另一颗受到广泛关注的系外行星是LP 890-9c（也叫SPECULOOS-2c）。它是一个超级地球，可能是岩石行星，比地球大 1/3 左右。它在一颗距离我们约 100 光年的红矮星的宜居带内运行。

2022 年 12 月，天文学家展示了詹姆斯 · 韦伯太空望远镜对TRAPPIST-1 行星系统的初步观测结果。值得一提的是，蒙特利尔大学的天文学家比约恩 · 贝内克首次展示了詹姆斯 · 韦伯太空望远镜对TRAPPIST-1g（距离中心恒星第二远的行星）的研究。TRAPPIST-1g是该系统中最大的行星，它的半径是地球半径的 1.154 倍。到目前为止，詹姆斯 · 韦伯太空望远镜只能确定这颗行星很可能没有原始的富氢大气，康奈尔大学的天文学家妮科尔 · 刘易斯及其团队之前也运用哈勃太空望远镜证明了这一点。由于这颗行星的大气密度非常低，会发生物理膨胀，因此比较容易被探测到。TRAPPIST-1g没有富氢大气的事实可能意味着，这颗行星的大气更致密、更紧凑，也更像地球大气，由二氧化碳、分子氮和水等较重分子组成，又或者它根本就没有大气。蒙特利尔大学的奥利维娅·里姆对该系统最内层行星TRAPPIST-1b的初步观测结果也表明，这颗行星和TRAPPIST-1g一样，没有蓬松的富氢大气。美国国家航空航天局艾姆斯研究中心的托马斯·格林及其合作者的后续观测结果表明，TRAPPIST-1b很可能是一颗大气中不含二氧化碳的岩石行星。TRAPPIST-1b和TRAPPIST-1g都不在TRAPPIST-1 行星系统的宜居带内。2023 年 6 月，德国马克斯·普朗克天文学研究所的塞巴斯蒂安·齐巴领导的另一个国际研究小组，使用詹姆斯·韦伯太空望远镜确定了岩石行星TRAPPIST-1c散发的热量。结果表明（仍然存在一些依赖于模型的不确定性），这颗行星的大气（如果存在的话）也非常薄。这些发现十分有趣，正如马克斯·普朗克天文学研究所的劳拉·克莱德贝格指出的那样，TRAPPIST-1c在某种意义上是金星的双胞胎：它的大小与金星差不多，从其寄主星接收的辐射量也与金星从太阳接收的辐射量相似。因此，克莱德贝格指出，“我们认为它可能像金星一样大气中有一层厚厚的二氧化碳”。另一组研究人员随后进行的大气建模表明，TRAPPIST-1c要么有不太稳定的不良形成历史（与地球和金星相比），要么在流体动力学逃逸的早期阶段损失了大量的二氧化碳。随后，人们利用先进的大气模拟技术做了进一步研究，提出了行星大气中存在大量氧气或蒸汽的可能性。我们应该注意到，TRAPPIST-1b和TRAPPIST-1c都位于失控温室极限区域内，它们的大气可能已经被辐射完全侵蚀。相比之下，TRAPPIST-1e和TRAPPIST-1f位于宜居带内，TRAPPIST-1 的早期生命可能经历过短暂的蒸汽大气。在这种情况下，可能不会发生完全的大气侵蚀。此外，波尔多大学的天文学家弗朗克·塞尔希思及其同事于 2023 年 8 月发表的一项研究表明，如果 TRAPPIST-1 的一些行星部分通过辐射而不是完全通过对流（流体运动）在内部传输热量，那么它们的表面将保持冷却状态，从而留住水。当然，所有 TRAPPIST-1 行星都可能在没有大气的情况下形成。此外，2024 年 2 月发表的一项研究表明，TRAPPIST-1e的快速轨道运动可能会（通过电流）驱动大气加热，进而导致大气完全剥离。在这方面，我们应该注意到，对另外两颗系外行星 LHS 3844b 和 GJ 1252b 的热辐射观测结果也与无大气层的情况一致。

除了透射光谱法之外，天文学家还可以使用掩星光谱法。这种方法的原理是，比较系外行星“白天”完全可见时获得的光谱与它被寄主星完全遮挡时获得的光谱，从两者的差异中提取信息。在这种情形下，观测到的光通量的减少不仅取决于行星的大小，还取决于其温度。事实证明，掩星光谱法在 8~30 微米的红外波长范围内的效果最好（如果有的话）。不幸的是，这种观测所需的灵敏度比詹姆斯·韦伯太空望远镜能够提供的灵敏度还要高。目前天文学家也可以使用其他一些方法，但在不久的将来，真正用这些方法来检测生物印记的机会可能比透射光谱法提供的机会还要少。

那么，最光明的前路在何方呢？美国国家科学院于 2021 年 11 月发布的“十年调查”给出了明确的答案。这样的调查每 10 年进行一次，以规划未来 10 年的“天文学和天体物理学发现之路”。在这份指导和建议中，十年调查委员会将寻找地外生命作为首要任务。他们呼吁美国国家航空航天局开发一项用于确定银河系中的地外生命是不存在、罕见还是无处不在的太空任务。为了实现这一目标，该委员会计划对寄主星宜居带内与地球大小相当的行星成像，并对这些系外行星进行光谱研究，以表征其大气成分。该计划首先对 100

多颗恒星及其相关的系外行星进行了筛选，确定了大约 24 个有重点跟踪价值的星系。对于入选的系外行星，人们预期能探测到其大气中的水、二氧化碳、氧气和甲烷等分子，即我们在前文中描述的能提供令人信服证据的生物印记。计划建造的太空望远镜口径约为 6 米，能够在从紫外线、可见光到红外线的波长范围内进行观测，被称为大型紫外光学红外探测器（LUVOIR）。它还会配备一个日冕仪（一种能有效阻挡中心恒星光线的装置），使天文学家能够对小型系外岩石行星成像。十年调查委员会估计，这种望远镜可能会在 21 世纪 40 年代中期发射。该委员会还建议，在未来 10 年内，至少应建造一台直径约 30 米的超大地面望远镜。在寻找地外生命的背景下，这种望远镜有望发现和观测宜居带内与地球质量相当的行星，获得较大行星的直接图像，并通过高分辨率光谱来表征凌日行星的大气。这台望远镜上的配套仪器还能使天文学家探测行星系统形成的最早阶段，并研究恒星周围的原行星盘。

你一定注意到了，到目前为止，我们讨论的大多数生物印记都来自我们已知的生命。这自然而然地引出了一个问题：我们能在多大程度上确保宇宙中的所有生命形式与地球生命具有相同的特征？

第10章

未知的生命：自然与非自然的设计

即使是不自然的东西，那也是自然的。

约翰·沃尔夫冈·冯·歌德

化学生物学家现在已经证明，已知生命的关键组成部分都可以由氰化物（今天被认为是一种致命毒药）、硫和阳光（紫外线）产生，它们构成的转化网络越来越被人们熟知。这一共同框架至少表明，我们星球上的生命可能是从早期地球上可用的化学物质中自然产生的。然而，假设在未来对银河系的探索中，我们发现了具有不同潜在化学性质的生命，我们能判断生命是不是自发出现的吗？哪些线索可能表明生命不可能通过自然过程出现？换句话说，我们如何才能区分自然生命和人造生命？我们应该明确的一点是，我们只是讨论了一种有机形式的生命，而不是一种电子（人工智能）形式的生命。我们将在本章末尾简要讨论智能机器的可行性。

当我们思考未知生命形式以及如何识别合成生命的问题时，最好的方法就是尝试设计和创造新的生命形式。这是一个大胆的想法，因为我们尚未完全合成我们已知的生命形式。那么，我们还有什么理由去设想，用不同的化学物质可能会产生另一种版本的生命呢？我们之所以对这样一个项目的前景持乐观态度，至少有一个明确的理由：现代合成化学提供了数千种制造新化学物质的方法，即使有一些在自然界中可能永远不会发生。与目前用于构建地球上生命分子的化学物质相比，实验室可合成的化学物质数量确实非常庞大。因此，一个知识渊博、富有想象力和创造力的设计师，无论是人类还是地外智慧生物，至少在原则上都应该能提出多种备选的生命化学物质。事实上，化学家目前正在探索这一新兴领域，从微调构建地球生命的化学物质开始，逐步发展到越来越不同的想法，也许有一天这些想法会产生非常不同的生命形式。以下是几个大胆而吸引眼球的例子。

地球上大多数的生命分子都具有独特的手性。DNA和RNA的核苷酸构建块，以及蛋白质的氨基酸构建块都是单手性的，不能像我们的右手和左手那样与它们的镜像重叠。与生命有关的氨基酸都是“左旋”的，而核酸是“右旋”的。因此，最简单的想法可能就是创造地球生命的镜像版本，其中每种类型的天然分子都由其逆向复制品替代。事实上，一些大胆的科学家正在努力实现这一目标。例如，杭州西湖大学朱听实验室的研究人员已利用化学方法合成了镜像DNA和RNA片段。他们先利用合成化学制造镜像蛋白酶，再利用这些酶复制DNA。也就是说，组成地球生命的天然蛋白质的镜像，可以通过镜像聚合酶链式反应（PCR）来扩增正常DNA的镜像版本。研究人员随后合成了镜像蛋白质，它是一种RNA聚合酶，有了它，他们就可以将镜像DNA链转录成镜像RNA。这些实验的直接目标是合成镜像核糖体，用于将镜像mRNA翻译成镜像蛋白。如果这样的实验最终能在实验室中创造出镜像活细胞，我们就可以确认这种生命形式是人工设计的结果，因为它与我们星球上现有的任何生命形式都不同。然而，在其他星系的行星上发现镜像生命都没什么可惊讶的，因为生命分子的特殊手性基本上是偶然的——无论是现有的化学物质还是其镜像都有可能出现。我们之前提过，2023 年发表的一项研究表明，磁铁矿可能是最适合地球生命分子的同手性产生过程的天然物质。值得注意的是，这一过程根据外加磁场的方向选择右手性或左手性，这在北半球和南半球是相反的。因此，生命构建块的手性可能要归因于起源地的一个古老意外。

关于我们熟悉的细胞生命，还有一个有趣的问题：是否有可能用非生物构建块来构建细胞膜。回想一下，膜为生命提供了区隔化的重要特征。一方面，它们为细胞创造了物理边界；另一方面，它们控制着分子进出细胞的运输过程。为了研究异常细胞膜构建的可能性，加州大学圣迭戈分校的化学生物学家尼尔·德瓦拉杰及其同事，尝试开发可以触发囊泡形成和繁殖的反应。具体来说，他们计划利用“点击化学”（这种化学反应通常用于将小单元连接在一起）来产生更复杂的分子。德瓦拉杰团队运用这种化学反应将两种单链脂质连接在一起，形成一种与现代生物学中发现的双链磷脂非常相似的双链脂质。这些合成磷脂像天然磷脂一样可以组装形成双层膜。不过，磷脂合成细胞的过程需要用到一系列复杂的酶，而点击化学方法非常简单快捷，也不需要酶。这些实验（可能适用或不适用于系外行星上的前生命条件）最有趣的地方可能在于，德瓦拉杰团队成功开发出了一种用于这种反应的催化剂。这种催化剂甚至可以催化自身的合成。也就是说，只要提供正确的合成构建块，这些人工创建的膜就可以无限生长和分裂，发挥非生物原细胞膜系统的作用。

当然，更有趣的问题是：能否对生物学的核心分子DNA和RNA进行修饰？这一研究受到下述事实的推动：通过几十年的积极合成实验，我们知道DNA和RNA的许多变体可以用作完美的遗传分子。既然如此，其中一些变体可以成为人工生命的设计基础吗？虽然这听起来像是科幻小说中的场景，但绍斯塔克实验室正在尝试开发一种基于DNA结构变异的合成遗传系统，它甚至可以提高自我复制的能力！具体来说，绍斯塔克团队一直在研究一种名为磷酰胺酸DNA的分子，它的化学结构与DNA相同，只是糖分子的某个位置上的氧原子都被氮原子替代了。修饰过的核苷酸构建块反应性更强，分子更容易在这个化学系统中复制，而不需要酶的帮助。我们应该注意到，虽然绍斯塔克团队在复制合成DNA的短单链方面尚未完全取得成功，但参与这项研究的科学家认为，他们不久就能运用不同于标准RNA和DNA的遗传物质来构建活细胞。因此，如果我们发现采用这种或其他类似DNA的系外行星生命，那肯定会很有趣，但根据我们目前的认知，我们无法完全排除这种生命形式的自然起源可能性。

到目前为止，我们所举的例子仍然没有偏离地球生物学太远。这就引出了一个问题，即具有完全不同化学性质的生命是否有可能存在。换句话说，我们想知道人类（或另一种智慧生物或大自然）是否可以设计出与已知生物完全不同的生命形式。对研究人员来说，这是一项诱人但艰巨的任务，也是即将到来的化学世纪的一大挑战。在土星的卫星土卫六表面发现的大量液态甲烷湖和乙烷湖（如第8章所述），也激发了这方面的研究。在意识到实验室处理液态甲烷非常困难之后，科学家将目光投向了其他非极性有机溶剂，如碳氢化合物癸烷（由10个碳原子和22个氢原子组成）。事实上，早在1991年，日本横滨国立大学的化学家国枝广信团队就成功地在癸烷中生成了由内而外的膜囊泡。其中，“由内而外”指与正常的细胞膜不同，在国枝广信团队构建的膜中，脂质的极性部分位于内部，而疏水性部分则向外黏附于溶剂（也是疏水性的）。有趣的是，尽管国枝广信的囊泡是由内而外的，由不同的分子成分组成，但它看起来与我们已知生命形式的正常囊泡一样。这自然而然地引发了一个问题：是否有可能在这种非极性溶剂中构建遗传聚合物，以取代RNA和DNA？虽然我们还不知道这个问题的答案，但设计和生产这种遗传物质具有让人无法抗拒的吸引力。因此，毫不奇怪，这个方向的研究正在全速推进。

这又一次提出了土卫六（泰坦）上存在生命的可能性，也许它们正在这些液态甲烷/乙烷的湖泊中愉快地游泳。然而，正如我们在第 8 章指出的那样，尽管这个想法听起来很诱人，但液态甲烷/乙烷是一种溶解性很差的溶剂，在土卫六如此恶劣的环境中不可能发生任何复杂的化学反应。因此，我们目前不得不承认，泰坦上存在截然不同于地球的生命形式的场景，也许只能出现在科幻小说中。

然而，潜在生命形式可能出现在水以外的溶剂中的想法引起了研究人员的持续兴趣。佛罗里达大学化学家史蒂文·本纳及其同事在 2004 年发表的一篇文章中广泛讨论了这种可能性，他们得出结论（尽管是推测性的），生命“可能存在于各种环境，包括低温条件下的非水溶剂系统”。

多年来，研究人员考虑最多的潜在溶剂就是氨（由一个氮原子与三个氢原子结合而成）。事实上，鉴于氨（如同水一样）在宇宙中含量丰富，早在 1954 年英国遗传学家霍尔丹就提出了地外生命用氨作为溶剂的可能性。像水一样，氨可以溶解许多有机分子。此外，它还可以溶解多种金属。不过，氨是否能够充分浓缩前生命分子，并将其结合在一起形成自我复制系统，仍然值得怀疑。

其他潜在溶剂还有硫化氢（由两个氢原子与一个硫原子结合而成），它的化学性质与水非常相似（但也以其刺鼻的臭鸡蛋味而知名），在火山活动区域含量丰富（如木星的卫星木卫一）。但是，硫化氢作为生命溶剂的一个严重缺点可能是，它仅在较窄的温度范围（从零下86摄氏度到零下59摄氏度）内呈液态，如果气体压强增大，这个范围会稍宽一些。

对金星大气中磷化氢的初步检测（如第7章所述），重新激起了人们对金星云层中可能存在某种生命形式的兴趣。正如预期的那样，由于这些云主要由硫酸组成，便引出了硫酸是否也可以作为生命分子溶剂的问题。但硫酸是一种强大的脱水剂，可以去除许多化合物化学结构中的水分。例如，在一堆糖中加入浓硫酸，会产生一堆冒烟的黑色碎片。麻省理工学院的生物化学家威廉·贝恩斯及其同事在2021年4月发表的一篇文章中，以金星云层为测试案例，研究了生命能否进化并适应硫酸溶剂的问题。令人惊讶的是，他们得出结论，微生物生命可能能够适应浓硫酸溶剂，但要弄清楚生命是否以及如何起源于这种溶剂，还需要做更多的研究。

鉴于信息系统是达尔文进化论的关键特征之一，有科学家团队已经着手设计可以通过复制存储和传输信息的新材料。到目前为止，这种新型聚合物序列能存储的信息量非常小，但这是一项令人兴奋的冒险，还处在起步阶段。在未来的某个时候，设计DNA的替代品可能像一个中学生作业一样普及，届时操纵DNA和基因编辑将从诺贝尔奖级别的成就转变为学校中的常见课业，以及生物黑客喜欢的活动。

这样一来，问题就变成了当我们努力寻找已知生命的替代形式时，我们是否能够超越DNA和RNA的化学替代品。例如，基于硅而不是碳的生命是一个古老的想法（最早由德国天文学家尤利乌斯·沙伊纳于1891年提出），它得到了广泛讨论，因为硅在元素周期表中与碳同属一族，并且具有某些相似的化学性质。但硅的化学多样性不如碳丰富，这意味着硅基生命可能很难甚至无法构建（卡尔·萨根将这一概念称为“碳沙文主义”）。2020 年，麻省理工学院的天体生物学家亚努什·佩特科夫斯基、威廉·贝恩斯和萨拉·西格尔对硅基生物化学的可能性进行了全面评估。总体而言，他们发现“许多生物关键官能团的形成对硅不像对碳那样友好”。他们最终得出结论：“碳化学是生命的化学，而硅化学是岩石的化学。”

2022 年，亚利桑那州立大学的天体生物学家团队利用基因组数据库，研究了细菌、古菌和真核生物的酶组成，从而掌握了地球上大部分生命的生物化学机制。这使得研究人员可以识别酶的生化功能的统计规律，而这些规律可能与地球的成分化学毫无关联。原则上，这些发现可以为地外生命的探索或合成生命的设计提供一些见解，但截至目前它们还没有多少实际意义。

这一切告诉了我们什么呢？答案是，存在这样一个广阔的、未经探索的化学研究空间，它可能是人造（但仍然基于化学）生命形式的设计基础。这种生命形式永远不会在自然界中自发地出现，无论是在地球上还是在其他任何星球上。创造这种生命形式可能是一项激动人心的科学挑战，但一种普遍的担心是，我们可能会失去对这种人造生命形式的控制，致使它对我们的世界造成持续而严重的破坏。然而，任何最初的人造生命形式都要依赖于自然界中没有的化学过程去合成“营养素”，因此原始的人造生命离不开创造它的实验室。幸运的是，创造可以在自然界中独立存活的人造生命形式困难重重，以至于在可预见的未来这一场景仍将停留在科幻小说中。如果在遥远未来的太空任务中，我们发现了如此非凡的生命形式，我们就会知道它们是人造的，而不是自然的。

然而，还有另一个我们未知的生命分支，这一分支并非基于生物化学。这种生命形式的存在（或不存在）取决于下述问题的答案：正如有些计算机未来学家所说，人工智能会成为地球上的主导生命形式吗？如果是这样，它会是银河系中预期的主要智慧生命吗？目前，我们无法回答这些问题。我们只知道，尽管地球上的生物进化并没有停止，但它已经被文化和技术进化远远甩在了身后，以至于人们普遍猜测人工智能未来可能会取代我们。

其中最有趣的未知数之一与意识有关。哲学家、心理学家、神经科学家和计算机科学家一直在激烈争论，意识是不是人类和其他灵长类动物大脑的独有特征。原则上，大脑的电子学是基于生物神经元还是人工设计的硅电路，这并不重要。真正重要的可能是大脑的“设计”、各脑区的相互连接、其监测和感知自身的能力，以及它习得外部世界的方式。相较而言，我们根本不知道人工智能有没有自我意识，即使它们的能力在某些方面（如记忆和反应速度）超过人类。我们也不知道它们是否拥有“真正的个性”，是否只具有模仿能力，是否拥有精神生活。也许最重要的是，我们不知道意识是否具有涌现性，也不知道足够先进、尖端和复杂的计算机最终是否都会具有这种属性。计算机科学家埃德斯格尔·戴克斯特拉说过：“这只是一个无关紧要的语义性问题，就像问人造潜艇是否会游泳一样。”但我们必须承认，这个问题可不仅仅是语义上的。如果机器只能复制人类进行数学/统计处理方面的能力，而忽略了人类的情感和行为能力，那么我们就会认为它们的经验不具有与我们的经验同等的价值。在这种情况下，后人类时代的未来似乎相当空虚，而且很不人道。另一方面，如果计算机变得具有意识，我们就必须接受这样一个事实，即它们主宰未来宇宙是更广泛意义上的自然进化的结果。但我们也应该承认，即使人工智能不具有意识，它也很有可能影响未来生命的文化进化。就像社交媒体已经对人类社会产生了重大影响一样，通过主导语言的意义和使用，人工智能未来可能会（在某种程度上）决定全球交流的叙事方式。

基于人工智能的生命形式与我们已知的生命形式有很多不同之处，包括用于寻找未知生命形式的方法。我们在第 5 章和第 6 章看到，有机生物很可能需要一个行星表面环境，在这个环境中，生命从化学中产生并不断进化。但如果后人类完全转变为无机智慧生命形式，那么它们将不再需要“温暖的小池塘”或大气来维持生存。它们甚至可能更喜欢零重力环境（如外太空），特别是在它们对建造大型文物感兴趣的情况下。因此，在“可居住”的系外行星上寻找这样的智慧生物可能是浪费时间。在外太空，非生物大脑甚至可能会发展出人类无法想象的能力。

可以想见的是，有机大脑的大小和处理能力存在化学、代谢和能量方面的限制，而且我们可能已经接近了这些极限。但同样的极限并不适用于人工智能，甚至更不适用于量子计算机。因此，根据对思维、意识或理解的定义，人类的有机大脑所能达到的能力和检索效率，最终无疑会被人工智能所能实现的惊人能力所碾压。

这场简短讨论的结果是，人们认识到，一种智慧生命形式只能主导复杂生物进化过程中相对短暂的阶段。更长久且我们尚不熟悉的阶段可能是由未来机器学习中涌现出的生命形式控制的。我们将在第 12 章讨论寻找地外文明时再回到这个话题上来。

第11章

寻找地外智慧生命：初步想法

理智的声音是柔和的，但只有在它被听到时，它才会停止。

西格蒙德·弗洛伊德，《一个幻觉的未来》

当涉及地外智慧（就其认知能力而言）和技术生命（其创造的先进技术可被检测到）时，我们的知识可能就显得不太够用了。原因显而易见：一方面，我们从对极遥远星系的天文观测中得知，物理和化学定律是普遍的，我们有充分的理由相信，某种形式的分子达尔文主义可能无处不在；但另一方面，我们甚至无法估计地外生命出现在某个地方的可能性，更不用说它们进化到智慧或技术生命的可能性了。我们还必须承认，即使地外智慧文明确实存在，我们也绝对不知道这种文明的驱动力是什么。我们不妨想想过去推动人类社会发展的各种因素，如生存、环境、经济、意识形态、政治、民族主义、自我主义、宗教等。为了说明地外智慧生命与我们天真的预期有多么不同，这里举一个极端的例子。有人认为它们可能安于一隅，思想深沉。如果是这样，它们会经历与我们截然不同的进化过程。超级先进的人工智能生命可能会意识到，在低温条件下更容易思考和进行一些计算操作，因此它们可能会尽可能地远离寄主星，安居于银河系最遥远的角落。或者，它们可能是扩张主义者，甚至比我们更凶猛，这似乎是大多数思考过未来文明轨迹的人的预期。我们不知道地球上智慧物种进化所需的众多步骤中，哪些是真正有必要的，哪些是人类智慧发展路径所特有的，这进一步加剧了我们的无知状况。

然而，我们又确实知道些什么。首先，任何可检测到的智能都必然达到了比我们更高的技术水平，因为迄今为止我们用于寻找地外文明的技术尚无法检测到我们地球上的大部分信号传输。其次，根据目前设计和进行的地外文明搜索方案，地外文明信号必定已经传输至少几千年了（否则其信号可能尚未到达我们这里）。这一要求还有一个重要后果。如果我们相信人工智能专家，那么从实现无线电和激光传输能力到人工智能主导智慧文明的时间跨度不会超过几个世纪（甚至更短）。如果人工智能升级为超级智能，即使人工智能成为最高级物种所需的时间以千年估算，这仍然意味着宇宙中的大部分智慧文明（假设存在的话）很可能基于机器而不是生物。这一认识至少可以为我们搜索地外文明提供部分指导，因为就算机器也可能需要能源和原料，它们也可能构建了大规模的天文工程项目。因此，我们应该寻找那些释放废热的非自然红外源，还应该警惕明显违反物理定律的行为，因为长寿的智慧生命可能有能力以我们意想不到的方式改变宇宙环境。例如，一个高级文明可能控制其母行星的天气（假设它继续居住在行星表面的话），从而在行星大气中造成奇怪的云层模式。此外，与寻找简单的生物印记不同，我们绝对不应该将寻找智慧文明的范围限定在宜居行星上。相反，高能源天体（如大质量的热恒星甚至是黑洞）附近更有希望。

为了解决估算银河系中能进行星际通信的文明数量不确定的问题，天文学家弗兰克·德雷克在20世纪60年代初提出了一个以他的名字命名的启发式概率方程。尽管这个方程仍然无法回答它最初提出的主要问题，但它自引入以来取得的一些进展仍值得一提。遗憾的是，在我们写作本书之际，弗兰克·德雷克于 2022 年 9 月 2 日去世。

德雷克方程

德雷克方程的形式是一系列概率的乘积，具体如下：

$$N = R^{*} f_{p}\, n_{e}\, f_{l}\, f_{i}\, f_{c}\, L$$

其中，N是银河系中具有星际通信能力的预期文明数量；

R^{*}是银河系中新恒星诞生的平均速率；

f_{p}是有行星围绕其运行的恒星占比；

n_{e}是在每颗拥有行星系统的恒星中，可能允许生命起源和进化的行星平均数量；

f_{l}是在有可能支持生命存在的行星中，确实存在生命的行星占比；

f_{i}是在有生命存在的行星中，进化出智慧生命的行星占比；

f_{c}是能开发出必要技术、进行可检测的星际通信的智慧文明占比；

L是智慧文明发出可检测星际信号的时间长度。

自 20 世纪 60 年代末以来，银河系中恒星的平均形成率R^{*}就已为人所知。对恒星形成率的估计主要依赖于对年轻恒星的星系紫外辐射的观测，以及对不同年龄段恒星数量的统计。总的来说，R^{*}大约取每年 1~10 颗的值。过去 10 年的主要进展是，利用开普勒太空天文台和其他资源进行的观测为德雷克方程中的第二和第三个因子提供了相当可靠的估值。通过各种技术（如第 9 章所述的凌日测光法、径向速度法、引力微透镜效应、直接成像法等）发现了 5 000 多颗系外行星，并基于这些观测进行了统计分析，得出的结论是，拥有行星的恒星占比 f_p 接近于 1。也就是说，几乎所有恒星都有围绕它们运行的行星。对于每个行星系统中可能具备生命起源和进化条件的行星数量 n_e，天文学家通常将其考虑为在宜居带内具有与地球大小相当的岩石（类地）行星的恒星占比。回想一下，宜居带是指允许液态水存在于岩石行星表面的距离中心恒星的范围。这个比值主要基于开普勒的数据，（保守地说）约等于 0.2，也就是说，大约每 5 颗恒星中就有一颗这样的行星。需要强调的是，就真正允许生命出现或存活的行星而言，这个比值与许多不确定因素有关，这可能会使它上下浮动。例如，我们在太阳系中木星和土星的一些卫星上看到，它们拥有巨大的地下海洋，原则上可以孕育生命，虽然这些卫星并不在太阳的宜居带内。而这可能会增加 n_e 的值。另一方面，我们提过这样一个事实：考虑到恒星耀斑和潮汐锁定等不利影响因素，目前尚不清楚低质量 M 型矮星周围的宜居带行星是否真能支持生命起源。而这可能会降低 n_e 的值。

我们尚未发现任何地外生命，也就无法对 f_l 和 f_i 进行可靠的估计。尽管一些研究人员认为地球生命出现得较快（在地球冷却到宜居程度的数亿年后），这证明了生命的自然发生很常见，但详细的统计分析表明，仅依据一个生命起源案例是无法得出这一结论的。尽管早期陆地生命的出现确实提供了一条线索，表明宇宙中可能存在大量生命（如果早期类地条件很常见），但这一证据还不够充分，且在统计上仍然属于小概率事件。另一方面，即使发现了一个独立于地球生命谱系的地外生命起源案例，也可以证明生命的自然发生在宇宙中并不罕见。

正如我们稍后将看到的，一些对地外智慧生命的存在持怀疑态度的人认为，人类智慧的进化包含了很多偶然和不确定的事件，以至于类似的事件在系外行星上重演的概率（f_i）极低。与此同时，也有人认为，生命一旦出现，向某种智慧生命形式的进化几乎是不可避免的。

德雷克方程中的最后两个因子f_c和L更不可知。其中前一个因子代表达到可检测信号的技术水平的智慧文明占比，但它并没有明确的定义，因为它取决于该文明所能达到的信号检测灵敏度。为了使传输信号可检测，从事这种检测的文明应该达到特定的技术水平。对此我们只能说，如果我们用目前最好的技术传输电磁信号，地球附近另一个处于类似技术阶段的文明可能会勉强探测到这些信号，仅此而已。

L的值同样是未知的。过去对德雷克方程的各种分析都声称，出于各种原因，它的值通常在 1 000 年到 1 亿年之间。核战争导致人类灭绝可能是支持这个低值的最有力论据。另一方面，天体生物学家戴维 · 格林斯彭认为，一旦一个文明得到充分发展，它可能就会克服所有威胁其生存的因素，从而无限期地存续下去。卡尔 · 萨根和苏联天体物理学家约瑟夫 · 什科洛夫斯基乐观地论证了 1 亿年的L值。我们（本书两位作者）不得不承认，除了人类社会作为一种准技术文明只存在了不到一个世纪的事实外，我们不知道L的值应该是多少。然而，我们必须指出，我们关于L值的所有观点可能都是错误的。如果正如人工智能专家预测的那样，非生物机器将在未来主导智慧文明，那么我们必须重新定义L，因为无机智慧生命原则上可以持续存在数十亿年并不断进化。

考虑到所有这些不确定性，就像一个有趣的练习一样，我们可以尝试猜测未知因子的值，并将其代入德雷克方程。过去 30 年天文学的巨大进步使我们有信心认为R^*约等于 10，f_p可以安全地取 1 的数量级，n_e保守地取值 0.2，而余下因子的估值就不太有把握了。让我们假设，在可能支持生命起源的行星中确实存在生命的行星占比f_l约为 0.1。我们再乐观地假设有生命的行星中能够进化出智慧生命的行星占比f_i也为 0.1（尽管有不少研究人员可能会对如此高的估值持怀疑态度，例如，地球化学的限制使大型动物的出现延迟了 40 亿年）。我们可以认为，如果一个物种拥有了智力，它就可以达到必要的技术水平，能够发展星际通信（尽管我们的一些祖先，如能人、直立人和尼安德特人，直到灭绝也没有开发出这样的技术）。因此，我们（非常乐观地）估计f_c等于 1。如上所述，我们对L的值一无所知。让我们暂时忽略非生物人工智能的可能性，看看如果我们取 1 000 年的最小值和 1 亿年的最大值，分别会得到什么结果。将所有这些估值代入方程，我们可以得出银河系中有可进行星际通信的文明的预期数量为

N（最小值）$= 10 \times 1 \times 0.2 \times 0.1 \times 0.1 \times 1 \times 1\,000 = 20$

N（最大值）$= 10 \times 1 \times 0.2 \times 0.1 \times 0.1 \times 1 \times 100\,000\,000 = 2\,000\,000$

请注意，鉴于这些因子中至少有三个的取值存在巨大的不确定性，N的值很容易降到 1，这意味着我们在银河系中是孤独的；但N的值也可能增加到数百万，这意味着我们是一个巨大的银河系社区

的一员。从这个意义上说，德雷克方程除了凸显了我们的无知之外，并没有什么用。当然，如果我们接受了银河系技术文明实际上由非生物机器主导的预期（这些机器很容易持续存在数十亿年），那么N的值可以达到更大。

虽然有人试图以各种方式修改或改进德雷克方程的输入值，例如有生命存在的宜居行星占比可能不是固定值，而是一个时间函数，但是所有这些微妙的改动都无法解决缺失可靠观测数据的根本问题。

尽管德雷克方程有明显的缺点，但近年来科学家利用它得出了两个有趣的结论。其中一个是由罗切斯特大学的天体物理学家亚当·弗兰克和华盛顿大学的天文学家伍德拉夫·沙利文在 2016 年提出的。这两位研究者问了一个有趣的问题：在整个宇宙史上，有多少个技术文明存在过？以这种方式提问，而不是问这些文明是否与我们的文明在时间上重叠，使他们能够消除方程中的高度不确定的L值。此外，在回答这个问题时，弗兰克和沙利文机智地将德雷克方程的前三个已知因子的乘积合并成一项：

$$f = M f_p n_e$$

其中，M是宇宙中恒星总数的估值。同样，他们将余下三个未知因子的乘积也合并为一项：

$$U = f_l f_i f_c$$

因此，修正后的技术文明总数T的方程呈现为一种更简单的形式：$T = f U$。其中，f是天文学中的已知量，U则包含了德雷克方程中我们未知的所有因子。换句话说，它衡量的是生命出现并进化为智慧技术文明的概率，被称为“生物技术概率”。我们从天文观测中得知，一个典型星系中约有 1 000 亿颗恒星，我们又从哈勃太空望远镜（以及詹姆斯·韦伯太空望远镜）的观测数据中得知，在可观测宇宙中，星系的数量不少于一万亿个。把所有这些数据放到一起，就会得出简单的结论（取之前的$f_p = 1$，$n_e = 0.2$）：除非生物技术概率小于 2×10^{22} 分之一，否则人类就不是整个宇宙中唯一存在的技术文明。当然，由于我们不知道生物技术概率具体是多少，我们无法从这一事实中得出其他技术文明一定存在的结论。然而，这个简单的练习确实揭示了，我们在年龄为 138 亿年的宇宙中孤独存在的可能性有多小。

德雷克方程的另一个有趣分支是由麻省理工学院的天体物理学家萨拉·西格尔提出的。她在 2013 年建立了一个概念上类似于德雷克方程的方程，用来估计存在可检测生物印记气体的行星数量N。这个方程为$N = N_* F_Q F_{HZ} F_O F_L F_S$，其中右侧的各个因子按从左到右的顺序分别表示：某项天文调查观测到的恒星数量；适合搜索行星的恒星占比（下标Q代表“静态”恒星，它们不会因变化而扰乱搜索）；在这一恒星集中，宜居带内有岩石行星的恒星占比；目前可观测到的行星占比；存在（任何形式）生命的行星占比；产生可检测生物印记气体的宜居行星占比。

鉴于目前正在密集进行的生命探测工作，西格尔还试图在这个方程中加入系数，以便利用现有仪器获取的观测数据。例如，凌日系外行星勘测卫星（TESS）探测行星的期望值，以及可利用詹姆斯·韦伯太空望远镜来搜索生物印记的期望值。TESS估计合适的恒星数量为 30 000 颗，其中约 60% 的亮度变化不大，因此可以通过凌日法检测到围绕它们运行的行星。正如我们上面提到的，已知（保守地估计）宜居带中岩石行星的比例约为 0.2。对 M 型矮星来说，穿过其寄主星（可被 TESS 探测到）的行星占比约为 0.1，其中可详细观测到大气的行星仅占 1% 左右，并且至少可以通过詹姆斯 · 韦伯太空望远镜进行部分表征。

将这些数字相乘，我们可以初步得到 $N = 3.6\ F_L\ F_S$。在西格尔版本的方程中，最右侧的两个因子与德雷克方程中的类似因子一样也是未知的。如果我们对 F_L（有生命的行星占比）采取与德雷克方程相同的乐观估值（0.1），并且我们（乐观地）假设这些行星中可通过凌日光谱法检测到的生物印记的占比为 0.1，那么 TESS/JWST 组合可以检测到生物印记的行星占比将是令人失望的低估值 0.036！这个简单练习说明了检测到生物印记的难度极大。即使使用强大的 TESS/JWST 系统，我们也必须非常幸运才可能有所发现。然而，好消息是，随着下一代望远镜（包括太空和地面望远镜）的出现，成功检测到生物印记的概率将大大提高。

当我们回到地外技术文明的话题时，正如我们在第 1 章中指出的，我们还没有观测到银河系中存在如此先进文明的迹象，这让著名物理学家恩里科 · 费米感到惊讶。他的困惑被称为“费米悖论”。

他们在哪里？

恩里科 · 费米可能是最后一位既能进行复杂的创造性理论工作又能进行开创性实验工作的物理学家。1926 年，他发现了适用于电子和中微子等粒子（被称为“费米子”）的统计定律。在发现核裂变（重原子核分裂成两个较轻原子核的反应）后，他立即意识到这个过程可能会发射中子，从而引发链式反应。于是，他开始在芝加哥大学斯塔格体育场看台下的壁球场搭建的临时实验室里，指导开展了一系列经典的实验。很快，第一个受控的核链式反应诞生了。费米也因为在人工放射性和慢中子引起的核反应方面的工作，获得了1938年的诺贝尔物理学奖。

与费米悖论有关的故事发生在1950年夏季，费米访问洛斯阿拉莫斯国家实验室期间，与物理学家埃米尔·科诺平斯基、爱德华·泰勒和赫伯特·约克等人共进午餐。科诺平斯基后来回忆说，当他们步行去吃午饭时，4位物理学家就《纽约客》上的一幅漫画发表了幽默的评论，这幅漫画描绘了外星人在纽约街头偷窃公共垃圾桶的情景。用餐期间，费米突然回转到外星人的话题上，问了与本节标题略有不同的一个问题："人都在哪里呢？"他对在银河系中找不到其他智慧文明存在的迹象感到惊讶。这个问题引出了费米悖论。有趣的是，以费米的名字命名这个问题只是"斯蒂格勒定律"的一个例子。该定律指出，没有科学发现是以其最初发现者的名字命名的。事实上，富有远见的俄罗斯火箭科学家康斯坦丁·齐奥尔科夫斯基早在1933年发表的一篇短文章中就讨论了缺乏先进地外文明存在证据的问题。齐奥尔科夫斯基甚至还给出了答案：先进的地外文明一定认为人类文明还不够成熟，无法与其建立联系。

下面让我们回到悖论本身。从表面上看，费米的困惑是有道理的。如果使用人类目前拥有的化学驱动火箭（但也要借助引力弹弓，即利用天体的引力来改变航天器的方向并使其加速），人们可以在银河系年龄的1/100~1/10的时间内到达银河系最偏远的角落。此外，如果我们考虑这样一个事实，即这些文明可能不会一直停留在（相对来说）如此缓慢的火箭技术阶段，而是能以接近光速的速度进行太空旅行，那么到目前为止我们还没有观测到任何先进文明的迹象这一问题就变得更令人困惑了。这还不是全部。如果我们假设某些星际探测器至少在原则上可以自我复制，这种困惑就会进一步加剧。

没有人真正知道费米悖论的答案，但在费米提出这个问题后的几年里，人们已经给出了 100 多种可能的解答。从某种意义上说，最简单的答案当然是：我们在银河系中是独一无二的，没有其他智慧技术文明存在，或者这样的文明极其罕见和遥远，我们根本不可能接触到它们。

宇宙学家布兰登·卡特是最早对地外智慧文明的存在持怀疑态度的学者之一。他是一位杰出的理论物理学家，以研究黑洞和提出人择原理而闻名。人择原理是指，我们对宇宙的当前结构、自然常数和物理定律的观察，必然会受到我们作为观察者的生存条件的制约。早在 40 年前，卡特就对太阳系外复合体或智慧生命的存在表示怀疑。他的论点基于一个惊人的巧合，即生命在地球上出现并进化出智慧所需的时间（约 40 亿年），与太阳为地球上出现生命提供的“机会之窗”基本相等。卡特认为，这个窗口始于大约38亿年前（当时小行星对地球的撞击开始减弱），在大约 8 亿年前关闭（当时太阳已变得极其炎热，逐渐演变成一颗红巨星）。因此，除非地球生命能相对迅速地出现（从天文学的角度看），否则人类在机会之窗关闭前将没有进化的机会。

我们应该注意到，从表面上看，这两个时间尺度——寄主星（如我们的太阳）的寿命与在宜居行星（如地球）上进化出智慧物种的时间——之间的巧合（在两倍以内）确实令人惊讶，因为它们似乎应是两个完全独立的量。智慧物种的进化时间可能是由行星表面的化学和生物过程决定的，恒星的寿命则取决于恒星星核的核聚变反应的能量、恒星的光度及这些过程与引力之间的相互作用。基于地球-太阳系的这一意外巧合，卡特认为，一个智慧物种进化所需的时间通常（或几乎总是）比恒星为其宜居行星提供的机会窗口要长得多，因此智慧生命极其罕见。根据卡特的观点，地球必然是一个罕见的例外。

下面我们用非数学术语对卡特的观点做出简要的解释。我们来看一下这两个时间尺度：系外行星表面智慧生命进化的时间尺度，该行星系统的寄主星的寿命。如果这两个时间尺度真的完全独立，它们属于相同数量级的概率就会非常小。对于两个完全独立的量，每个量都可以有一个非常广泛的取值范围，其中一个量更有可能比另一个量大得多。然而，如果进化出智慧生命所需的时间一般比恒星的寿命要短得多，那就很难理解为什么在我们这个智慧生命系统（地球-太阳系统）中，这两个时间尺度近乎相等（在两倍以内）。相反，如果进化出智慧生命的时间尺度一般比恒星的寿命要长得多（这意味着智慧生命无法在机会窗口内发育成熟），那么在第一个智慧生命系统中这两个时间尺度将完全相等，因为只有在进化时间刚好等于恒星寿命的极少数情况下，智慧生命才有机会出现。因此，根据地球-太阳系中两个时间尺度近乎相等这一点，卡特得出如下结论：典型的智慧文明将没有足够的进化时间，地球是一个非常罕见的例外。

在 1999 年发表的一篇文章中，本书作者利维奥试图仔细研究卡特的观点。他指出，如果我们可以证明随着恒星寿命的增加，进化时间也会相应增加，那么我们应该可以观测到，在我们发现的第一个拥有复杂生命的系统中，这两个时间尺度几乎相等。原因很简单：进化时间不可能超过恒星的寿命，因为生命的存续需要恒星作为能量来源。同时，我们知道恒星的数量随着寿命的增加而增加（对于更多的小质量恒星，它们的寿命也更长）。于是，利维奥运用一个简单的“玩具模型”来证明，这两个时间尺度（至少在原则上）是可以相互关联的，而不是完全独立的。例如，在行星的大气中，恒星的紫外辐射可以通过分解水分子使氧气（和臭氧）的浓度上升。由于其吸收特性，臭氧对于保护多细胞陆地生物免受紫外辐射是必要的。正如我们在第 3 章看到的那样，紫外光的通量在与生命起源相关的过程中起着重要作用。而且，恒星发出的紫外光的强度和光谱是由恒星的类型（其表面温度和光度）决定的，这些特征也决定了恒星的寿命。因此，利维奥认为，卡特关于地外智慧文明不存在的悲观结论可能是不正确的。此外，氧气在地球大气中的浓度上升到保护水平还需要很长时间，巧合的是，这个时间正好就是它的浓度上升到可以满足大型动物能量需求水平的时间，这也可以为复杂生命的延迟到来提供一个简单的解释。英国动物学家马修·科布认为，这种延迟（大约 30 亿~40 亿年）意味着复杂多细胞生物没有显著的进化动力。因此，与卡特一样，科布也认为智慧生命一定非常少见。但与这种观点相反，对富氧大气的需求表明，复杂生命可能很快就会出现在地球上，但它只有在氧气水平足够高的情况下才会出现。

贝尔格莱德天文台的天体物理学家米兰·契尔科维奇及其同事，对卡特的观点提出了反对意见。他们指出，由于各种可能对生命造成灾难性影响的天体物理学和行星现象（如γ射线暴、超新星爆发、极寒“雪球地球”阶段等），卡特用于推理的两个时间尺度（恒星的寿命和智慧文明进化所需的时间）并不明确，从而大大削弱了他的分析的准确性。

我们曾提到，宇宙学家、天体生物学家、作家保罗·戴维斯对太阳系外存在生命也持怀疑态度。他的悲观主义始于他坚信物理和化学的基本定律是“对生命视而不见的”。也就是说，在他看来，这些定律并没有将生命视为一种有利的最终状态或最终目标。更重要的是，他声称自己甚至没有看到“一个可用来支持组织复杂性的令人信服的理论”。换句话说，戴维斯认为，没有什么可以阻止一团混乱的化学物质一直保持混沌状态（尽管正如我们所看到的，这不是生命的起源！）。此外，为了给他的悲观主义赋予更具体的权重，戴维斯提出了以下论点：假设生命的起源需要一个由 10 个关键和精确的化学步骤组成的特定序列（他假设这 10 个步骤代表了对必需的关键步骤的实际数量的保守估计），并且每个步骤（在系外行星保持宜居性的整个时期内）的发生概率都为 1%（他认为这个估值是乐观的），那么生命起源的综合概率就是千亿分之一，这实在太低了。在这种情况下，即使银河系中存在多达数亿颗宜居行星，这里（除地球以外）存在第二颗有生命的行星的可能性也可以忽略不计。戴维斯的悲观结论是：“我们可能是可观测宇宙中唯一的智慧生命。如果太阳系拥有可观测宇宙中的唯一生命形式，我并不会为此感到震惊。”

本书的两位作者认为，目前对前生命化学研究下这样的定论为时尚早。正如我们在第 2~5 章所述，生命起源研究人员的最新发现似乎表明，过去 40 年来对生命起源问题的所有看法都是错误的。“谁在前面”的争论源于这样一种假设，即人们必须先找到一种方法来构建第一个细胞——一个子系统（如信息、代谢、区隔化），每个子系统又为下一个子系统铺平了道路。在过去几年里，这种情况发生了巨大变化。目前的想法和实验结果表明，所有子系统的构建块可以一次性生成。实验室研究显示，尽管第一批细胞是非常复杂的实体，但它们可能来自由构建块主导的化学物质混合物，而不是由米勒–尤里实验等产生的极其复杂的混合物。因此，研究人员现在试图绘制一幅完整、稳健的生命路线图，而不是一次完成一个步骤，这将把前生命化学研究的所有数据与地质学、大气化学和天体物理学的观测发现相结合。这并不意味着我们知道从化学到生物学转变的概率，这种概率可能仍然很小，而且我们目前还无法估计它的值。

物理学家、作家约翰·格里宾认同戴维斯关于技术文明稀缺的观点。他写了一本名为《独在宇宙：为什么我们的星球如此特殊》（*Alone in the Universe: Why Our Planet Is Unique*）的书，他在书中列出了太阳系的一系列特性（如太阳本身的特征、巨行星木星的存在等）和地球历史上的一系列宇宙事件（如火星大小的行星与地球碰撞形成月球，小行星撞击导致恐龙灭绝等）。他认为，这些事件最终导致我们星球上出现了一种独特的智慧生命形式。他在书的结尾处断言：“我们出现在这里的原因形成了一根链条，这根链条很难形成，所以目前银河系中存在其他技术文明的可能性微乎其微。我们是孤独的，我们最好接受这个观念。”

地质学家彼得·沃德和天文学家唐纳德·布朗利出版了他们（有点儿争议）证据充足且系统全面的著作《稀有地球：为什么复杂生命在宇宙中如此罕见》（*Rare Earth: Why Complex Life Is Uncommon in the Universe*）。10 年后，戴维斯和格里宾也都认为银河系中没有其他智慧生命。沃德和布朗利提出了一系列标准——从板块构造的存在到行星应拥有较大的卫星，还列举了不太可能发生的意外事件。他们认为，所有这些都对地球上复杂生命的进化发挥了至关重要的作用。他们的基本观点是，微生物生命在宇宙中可能很常见，但复杂的智慧生命可能极为罕见。然而，我们怀疑沃德和布朗利可能是从他们的结论开始，反向寻找有利于他们偏见的论据。

我们还可以尝试用德雷克方程来分析技术文明在银河系中是否稀缺的问题。按照方程各因子的顺序，技术物种的缺乏可能是由最后 5 个因子中的任意一个极小值造成的。举个例子，我们在第 6 章提到，一些研究表明，小行星的撞击可能对于地球生命的起源至关重要。主要原因是，小行星的热铁芯与水的相互作用可以加速氰化氢的储存，正如我们在第 3 章所见，氰化氢（主要是以亚铁氰化物的形式存在）对于地球湖泊及其沉积物中的前生命化学反应不可或缺。太阳系中有稳定的小行星带，还有引导小行星撞击地球的驱动机制所需要的木星和土星这两颗行星，相较之下，在其他没有类似巨行星的星系中出现生命的概率可能很低。不过，我们应该清楚，这只是一个例子。我们不确定小行星撞击是不是生命起源的必要条件。此外，地球的形成期必然包括一个较大的撞击物逐渐减少轰击的阶段。

总的来说，在我们两位作者看来，更有可能的情况是，如果我们在银河系中的确是孤独的存在，这不仅仅是因为生命在其他地方根本没有出现，还因为进化到能产生可检测信号的智慧技术物种确实需要经历一系列概率相当低的步骤。例如，值得注意的是，如果不是大约 6 600 万年前那次毁灭性的小行星撞击，地球上是否会出现技术文明甚至都不一定，因为那次撞击摧毁了恐龙（以及 80% 的动物物种）。此外，历史确实表明，更早的人类谱系，即智人的祖先，在一些非常基本的技术发明之前就已经灭绝了。

费米悖论的另一个解决方案（仍然属于“我们在宇宙中是孤独的”范畴）是，假设德雷克方程中的因子 L 所代表的技术文明的寿命相当短暂。这可能是文明造成的灾难（如核战争）或宇宙自然风险导致的结果。但是，我们发现这种悖论的解决方案不太可信。虽然核战争或一些生物技术灾难（如导致流行病失控的灾难）很可能会摧毁我们当前的文明，但这些灾难导致人类物种灭绝的概率较小。此外，我们很难相信所有先进的银河系文明的命运都是如此走向。同样，即使猛烈的小行星撞击或超新星爆发可能会对生命造成毁灭性影响，先进文明（如果存在的话）想必也会开发出相应的风险缓解和防御机制来应对此类灾难。美国国家航空航天局 2022 年 9 月启动的双小行星重定向测试（DART）表明，用高尔夫球车大小的航天器撞击棒球场大小的目标小行星（迪莫弗斯）可以成功地改变小行星的轨道，这也证明了上述观点。顺便说一句，这标志着人类首次有意地改变了天体的运动，也是小行星偏转技术的首次全面演示。

我们还可以从另一个更具哲学意味的角度提出反对意见，即为了解决费米悖论，我们不得不接受“我们是孤独的”这个观点。我们是科学家这一事实并不意味着我们完全不受个人观点和情绪的影响。在我们看来，认为银河系中唯一存在生命的地方就只有地球，这无异于傲慢自大，而且过于以人类为中心。这种观念在没有任何令人信服的实验或观测证据支持的情况下，在科学革命到来之前或许可以在人们心中占有一席之地，但在科学革命之后就不复存在了。我们现在更倾向于采取一种谦逊的态度，即哥白尼原理。

天文学家尼古拉斯·哥白尼在 16 世纪提出，我们生活的地球并不在太阳系的中心。如果你对此感到诧异，有一个令人信服的理由能够说明，为什么哥白尼模型最初只是作为解释太阳系的观测结果而提出的，后来却被提升为原理。自哥白尼的思想发表以来的几个世纪里，这一令人谦卑的概念——在宇宙尺度上人类并不特殊——似乎通过一系列后续的重大发现不断得到证明。

第一，查尔斯·达尔文表明，人类不是造物的巅峰产物，而只是自然选择的普通进化产物。第二，天文学家哈洛·沙普利在20世纪初指出，太阳系并不在银河系的中心，事实上它在距离银河系中心2/3的偏远位置上。第三，正如我们已经指出的那样，最近在银河系中寻找太阳系外行星的调查表明，在寄主星的宜居带内，地球大小的行星数量预计可能达到数亿颗甚至更多。第四，天文学家埃德温·哈勃（哈勃太空望远镜就是以他的名字命名的）在1924年就已经宣称，除了银河系之外，还存在其他星系。此外，据最新估计，可观测宇宙中的星系数量大约为2万亿个。即使是组成我们人体的物质——普通（重子）物质——似乎也只占宇宙能量的不到5%，其余的显然是暗物质（不发光或不吸收光的物质）和暗能量（一种渗透到所有空间的平滑能量形式）。此外，近年来许多理论物理学家推测，即便是我们的宇宙，可能也只是一个巨大的宇宙体系——多元宇宙——中的一员。

因此，哥白尼原理建议我们应该保持谦逊（从纯粹的物理角度看，我们只是大宇宙计划中的一粒尘埃），而不是自大地认为我们是银河系中唯一的智慧技术文明。因此，我们两位作者不准备接受"我们是孤独的"这个观点，除非能找到一些具体且令人信服的证据证明其他技术物种确实不存在。

用于解决费米悖论的还有另外两种观点。一种观点认为，地外文明实际上过去已经在这里了，信不信由你，它们现在就在这里。虽然迄今没有明确的证据支持这一假设——泛种论，但我们很难反驳它提出的几种情况。例如，包括天体物理学家弗雷德·霍伊尔、生物学家弗朗西斯·克里克和莱斯利·奥格尔在内的一些科学家认为，从太空迁徙来的微生物和极端微生物是地球生命的来源。泛种论提供了一种并不令人满意的假设，因为它只是让生命起源回溯到未知的早期行星环境。它之所以与费米悖论有关，可能原因还在于克里克和奥格尔推测，这一假设也许是精心设计的，它意味着地球生命是从一些地外先进文明移植来的。检验这类潜在解决方案的方法之一，就是更积极地寻找潜伏在太阳系内的外星人物。稍后我们将讨论这方面的一些尝试。

第二种观点更加极端。它采取了反乌托邦科幻电影《黑客帝国》中富有想象力的描述。换句话说，它认为人类乃至我们观察到的整个宇宙景观，都存在于一个由超级智慧文明设计和运行的模拟现实中。虽然我们无法证明这样的假设是错误的，但接受它并不能帮助我们破译生命起源的密码，就像相信泛种论或超自然的生命起源观念一样。

费米悖论的最后一种解决方案是，假设地外技术文明确实存在，但人类尚未发现它们。这种未能检测到任何技术印记的情况，可能是因为这些文明对向外传播它们的存在不感兴趣（甚至故意在阻止我们对它们的检测），也可能是因为我们的技术或方法还不足以成功地检测到它们。我们可能是在错误的地方进行搜索（例如，地外文明可能与行星无关），或者使用了错误的方法（例如，这些地外文明可能不使用对它们来说已经过时的无线电通信），或者我们根本没有能力识别和解密更高级文明的信号。在我们看来，在费米悖论的三大类建议解决方案（“我们是孤独的”；“它们就在这里”；“它们确实存在，但我们还没有找到它们”）中，第三类可能是最合理的。技术一旦出现就会迅速发展，所以如果地外技术文明并非无处不在，那么这种文明与我们处于同步进化状态的可能性很小。相反，就技术实力而言，这些文明更有可能比我们先进数亿乃至数十亿年。在这种情况下，鉴于我们作为一个相对年轻的技术物种，我们可能远远落后于它们。如果真像人工智能专家说的那样，在相对短暂的生物智能阶段之后，文明将被智能机器主导，那么费米悖论的前提也可能是错的。这个悖论源于这样一种假设，即智慧文明热衷于扩张，它们会努力抵达银河系的每一个角落。但是，如果银河系中的智能是由思维机器主导的，那么，这种情况一方面可以完全改变德雷克方程的含义，另一方面可能会为费米悖论提供一个全新的解决方案。对于德雷克方程，虽然血肉之躯的文明可能是短暂的，但机器几乎能做到不朽。由于机器的进化不是自然选择（倾向于“适者生存”）的结果，它们可能不是由人类特有的攻击性倾向驱动的。例如，它们可能根本不想在银河系中扩张，因此费米认为它们不存在的基本论点——因为我们还没有看到它们——将不再适用。这些更加优越的物种可能宁愿过着内省的生活，满足于待在家里，思考如何改善它们的世界。

成功检测到地外技术印记会造成什么后果？这自然会因来源而异。例如，一个源自特定系外行星的信号将为我们提供地外文明的物理位置，以及这一发现的所有结果（如通信的可能性）。另一方面，一个与任何行星无关、编码超出理解范围的信号可能只具有哲学意义，而不会产生直接的实际影响（如影响我们感知到的自我价值或宗教信仰）。

第12章

搜索地外文明的印记

首先，我对我们的文明在这里取得的成功不以为然，但是我愿意相信我们这里是巨大宇宙中唯一存在有思想的生物的地方。

温斯顿·丘吉尔，《我们在宇宙中是孤独的吗？》

2016年，当利维奥参观密苏里州富尔顿的美国国家丘吉尔博物馆时，博物馆馆长蒂莫西·莱利将温斯顿·丘吉尔的一篇文章塞到他的手里。利维奥惊讶地发现，在这篇题为《我们在宇宙中是孤独的吗？》的11页纸的文章中，丘吉尔对地外生命的存在进行了富有先见之明的思考。1939年，在丘吉尔为伦敦的《世界新闻》撰写这篇文章的初稿时，欧洲正在战争的边缘徘徊。20世纪50年代末，丘吉尔在法国南部的出版商埃默里·里夫斯的别墅里对这篇文章稍做修改。埃默里的妻子温迪·里夫斯于20世纪80年代将丘吉尔的文章手稿转交给美国国家丘吉尔博物馆档案馆。莱利于2016年5月当上了这家博物馆的馆长，他不久后就发现了这篇未发表的文章。本章开篇的引文即来自这份有趣的手稿。丘吉尔讽刺说，他认为“我们并非有史以来在广阔的空间和时间范围内出现的身体和精神方面的最高级生物”。

今天许多人都与丘吉尔的想法一样，但猜测是一回事，证明其他技术文明的存在（无论是生物文明还是人工智能文明）则是另一回事。在这一章，我们将简要介绍到目前为止人类对地外技术印记所展开的一些搜索，并研究下一步我们该做些什么。

电磁信号搜索

迄今为止，关于技术印记的大部分检测工作都集中在搜索无线电信号上。主要原因很简单：电磁辐射以光速传播，传输和接收相对容易（而且经济），这也是我们的电视网络和广播频道发出的辐射类型。与此同时，我们既不知道地外文明可能使用的传输频率，也不知道潜在信号的性质、传输方向和时间，因此过去的搜索曾试图对在哪里、如何传输以及寻找哪种类型的信号做出一些有根据的猜测。例如，对生命的探索总体上采用了“追踪水”的原则，因此1.4~1.7 GHz（千兆赫）的频率范围（“水洞”）一直是无线电探索中最受欢迎的频段（氢原子发射的特征频率为1.42 GHz，水的OH组分发射的特征频率为1.67 GHz）。同样，一个先进文明可以通过凌日光谱法检测其他行星上是否存在生命，因此有人提出，当系外生命的母星凌日其寄主星时，它们也可以传送自己存在的信号（假设它们想这样做，并且它们仍然生活在行星表面）。毫无疑问，人们对宜居带内的行星（包括众所周知的TRAPPIST-1系统）给予了特别关注。

迄今为止，许多无线电搜索都是通过“地外文明搜索”项目的各个分支进行的。该项目的现代版本是由天文学家弗兰克·德雷克创立的，它继承了物理学家朱塞佩·科科尼和菲利普·莫里森的鼓舞人心的理念。无线电搜索一直以来依靠的是各地的射电天文台，如格林班克望远镜、艾伦望远镜阵列、央斯基甚大阵、默奇森广域阵列和低频阵列（LOFAR）。它都发现了些什么？不幸的是，到目前为止它一无所获，没有发现任何持续的无线电传输信号（所用的频率已低至检测极限）。然而，与银河系中的恒星数量相比，受到有组织地调查的恒星或系外行星系统的总数仍然很少，以至于这些数据根本无法得出任何明智的结论。在这方面我们注意到，月球的远侧应该是一个极好的无线电观测站，因为那里几乎没有人类无线电辐射的污染，能以前所未有的灵敏度进行无线电搜索。人们已经开始建造用于宇宙观测的射电天文台，目的是探测早期宇宙的氢排放情况。巧合的是，这些射电望远镜覆盖的无线电频带与地球上无线电通信的频率范围完美重叠。因此，这些天文台（在地面上甚至在月球的远侧）有望检测到地外文明的无线电信号。

有趣的是，1977 年的一个无线电信号曾一度让人们兴奋不已，它甚至拥有了自己的名字——“哇！”信号。作为地外文明搜索项目的一部分，俄亥俄州立大学的大耳朵射电望远镜于 1977 年 8 月 15 日记录下这个信号。几天后，天文学家杰里·埃曼在观测数据中发现了它，并在电脑上打出了“哇！”。该信号由接近氢的 1.4 GHz 频率的窄带发射线组成，其强度远高于背景噪声。可叹的是，虽然人们多次再次搜索到该信号，最近一次是 2022 年的“突破聆听”项目（详见下文），但都没有任何发现。于是，研究人员一致认为，“哇！”信号不能被视为真正的地外技术文明印记。

2022 年，中国天文学家利用 500 米口径的球面射电望远镜（FAST）探测到一个可能来自地外文明的无线电信号，它的频率为 1 140.604 MHz。此外，该信号似乎来自一颗名为开普勒 438b 的系外岩石行星的方向，该行星位于一颗红矮星的宜居带内。然而，与之前的情况一样，这个信号很快被认为是由来自地球的射频干扰（RFI）造成的。研究人员得出结论：“尽管我们还没有确定该信号的来源，但它的偏振性表明它极有可能是由射频干扰引起的。”

一项新的倡议于 2015 年 7 月 20 日提出。这是迄今为止最雄心勃勃的地外文明搜索项目，并于2016年1月开始运行。该项目的名称叫作“突破聆听”（Breakthrough Listen），它计划搜索距离太阳最近的100万颗恒星及银河系中心，“聆听”距离我们最近的100个星系的潜在信号。企业家尤里·米尔纳为这个项目提供了1亿美元的启动资金，用于支持北半球的格林班克望远镜和南半球的帕克斯望远镜进行数千小时的观测。

在2022年公布的观测结果中，没有发现任何明确的技术印记。尽管如此，在2019年4~5月，帕克斯望远镜探测到了一个频率为982.002 MHz的信号。这个信号显然是从距离太阳系最近的恒星比邻星的方向发出的。众所周知，这颗恒星至少有两颗行星，其中一颗是岩石行星。人们发现，这个频率的特征与一般轨道天体的多普勒频移几乎一致，只是略有偏移，但它与比邻星系统中的任何已知行星的运动轨迹都不一致。为了表达观察者的愿望，该信号被称为“突破聆听”备选1号（BLC1），但地外文明搜索项目的资深从业者仍然认为该信号的来源极有可能是某种形式的地面射频干扰。截至2020年年底，人们未能再次检测到该信号，经过2021年的进一步分析，“突破聆听”团队得出结论：“BLC1不是地外技术文明印记，而是由与观测节奏一致的本地时变干扰源造成的。”

人们搜索的第二种信号是光学准直激光束（激光具有在长距离上保持其形状的优点）。其背后的观念是，一个先进的文明可能更喜欢用这种技术进行星际通信。但根据这种技术的特点，搜索应主要集中在短脉冲的检测上，而不是持续时间长的信号。令人失望的是，尽管有6项研究搜索了两万多颗恒星，但都没有发现脉冲激光信号。

其中，有两颗恒星值得我们特别关注，尽管它们的名字相当乏味：HD 139139和KIC 8462852。前者是一颗距离地球约350光年的类日恒星，最有可能属于一个双星系统，其伴星是一颗红矮星。HD 139139 又被称为随机凌日恒星，其亮度多次下降（87 天内下降了 28 次），这与类地行星凌日引起的亮度下降现象有些相似，不过它不是周期性的。于是，这颗恒星就成了地外技术印记的搜索目标。“突破聆听”团队利用格林班克望远镜观测HD 139139，但没有检测到任何信号。

第二颗恒星KIC 8462852 又被称为“塔比星”或“博亚简星”，以天文学家塔比萨·博亚简的名字命名。他在 2015 年发表了一篇论文，指出了这颗恒星的光有不规则涨落的现象，有时亮度降低的幅度高达 22%。虽然人们对这颗恒星独特的变暗行为给出了多种解释，但没有一个能完全令人满意。例如，卫星遭撞击产生的碎片造成了这一涨落，或者这是地外智慧文明建造的日食巨型结构（如戴森球），不一而足。然而，地外文明搜索项目在 2015—2017 年探测了光学和无线电信号后，没有发现任何与塔比星变暗现象相关的信号。2019 年，“突破聆听”团队还利用利克天文台的自动行星探测器对塔比星进行了搜索，也没有发现相关的激光信号。

到目前为止的负面结果看起来十分令人沮丧，但我们应该意识到，即使忽略我们盲目搜索的事实，来自地球的无线电通信信号到达银河系内指定天体目标的比例也不超过 1%。为了增加成功的概率，我们可能会寄希望于我们发出的信号能到达大约一半的目标系外行星，并收到预期的返回信号。但是，这会导致我们接收来自银河系中另一个文明的无线电信号（假设它存在并使用这种技术）的时间向后推迟大约 1 500 年。此外，无线电（或光学/红外）通信可能被视为一种高级生命的古老通信方式。在大多数文明中，这种技术的应用时间可能相对短暂，因此它在银河系或宇宙的大部分地区都极为罕见。

于是问题就变成了，我们是否可以预测到任何类型的通用技术印记。至少在原则上，能量消耗可能是任何先进文明的标志，由此产生的废热几乎无法掩盖。对一项极其先进的技术来说，最可行的长期能源之一是星光。强大的地外文明可能会建造出巨大的戴森球，用于获取一颗或许多恒星乃至整个星系的能量。先进物种的另一个潜在的长期能源是核聚变，这是人类从 20 世纪 40 年代开始的一项研究，但直到 2024 年才首次实现了少量的净功率增益（产生的能量大于消耗的能量）。然而，在这两种情况下，废热和可检测的中红外特征都是不可避免的结果。关键在于，即使极先进文明的能源生产效率很高，热力学第二定律也会确保一些过程是不可逆的。不过，采用这种特殊的搜索方法也存在一个问题，那就是星周尘埃的排放可能会混淆信号。因此，我们希望能在光谱上将自然信号与人工信号区分开来。

广域红外巡天探测器（WISE）于 2015 年公布了迄今为止最大规模的红外探测结果。宾夕法尼亚州立大学的天文学家罗杰·格里菲斯领导的研究人员，检查了大约 10 万个星系的极端中红外光谱。他们在这些样本中没有发现一个星系的地外文明能将 85% 以上的星光重新处理成中红外辐射，只有 50 个星系的中红外辐射亮度与 50% 以上的星光重新处理一致。最有趣的是，他们确定了 5 个红色螺旋星系，它们具有较高的中红外光度和较低的近紫外光度，这与人们对恒星形成率较高的预期不一致。一般来说，近紫外光度（年轻恒星的主要辐射波段）通常追踪的是恒星的形成率，中红外光度（大量小质量恒星的辐射特征）追踪的则是恒星的总质量。然而，对于这些观测结果还有一些平平无奇的解释，如大量内部尘埃的存在。无论如何，在我们猜测它们是否代表了该星系物种的特征之前，我们还需要进一步观测这些奇特的星系（利用地外文明搜索项目和传统的天文学方法）。这些有趣的发现凸显了这样一个事实，即数据密集型的地外文明搜索项目经常会取得令人惊讶和有趣的科学发现，这些发现与技术印记检测的最初目标完全无关。

什么样的人造物能够表征先进文明存在的可能性？对此我们有一些提议。例如，检测各种形式的大气工业污染或短寿命的放射性产物（甚至可能伴随着全球变暖）。但本书作者认为，这些人造物被检测到的概率不大，因为它们可能只是暂时存在。通常来讲，聪明的外星人要么学会了如何清除自己的行为痕迹，要么毁灭了自己。

在第 10 章中，我们简要讨论了非生物物种的可能性。我们注意到，有机大脑的大小和处理能力存在化学和代谢方面的限制，但这些限制却不适用于量子计算机（甚至是电子计算机）。因此，地球上有机大脑的智力和强度几乎肯定会被某种形式的人工智能超越，因为后者的发展尚处于早期阶段。唯一的问题是，它什么时候会发生。计算机科学家雷·库日韦尔和其他一些未来学家认为，“奇点”——人工智能占据主导地位——要不了几十年就会到来。但即使需要几千年的时间，与人类的进化时间相比，这仍然算不了什么。与类太阳恒星的寿命相比，数千年不过是一眨眼的工夫，技术文明可能会在此阶段围绕这些恒星出现。这意味着，人类在智力上可能远不如地外技术文明。

正如我们已经指出的那样，由此引发的一个重要问题与意识有关。也就是说，研究人员和哲学家仍在争论意识是否具有涌现性（所有复杂的计算系统最终都会拥有的属性），或者它是否与生物大脑有着独特的联系。如果机器——尽管它们有可能变得“智能”——仍然缺乏对自身和世界的认识，我们可能只会将它们视为哲学家所说的“僵尸”，而检测这些生物本身虽然很有趣，但不那么令人兴奋。另一方面，机器人系统的设计（原本出于有效执行现实世界的一般活动的目的）肯定要求机器人大脑不仅能够模拟外部世界，而且能够模拟其内部状态，这可能会导致自我意识的自发和意外出现。机器人/计算系统中如何自发出现欲望和价值观的问题，现在变得更加神秘和重要了。毕竟，如果一个人工智能系统缺乏（或隐藏）探索银河系的欲望，那么它为什么要做这件事呢？

关于对地外技术印记的实际搜索，由机器主宰的后人机时代将迎来一个有趣的转折。我们的观点是，有机生物需要行星表面环境（和溶剂）来进行导致生命起源的化学反应。但如果后人类时代完全是电子化的智慧生物，它们将不再需要液态水或大气。它们甚至可能更喜欢零重力环境，尤其是在建造大型结构时。因此，非生物思维可能存在于外太空，而不是系外行星的表面。

一般来说，我们所熟悉的有机人工智能类型可能只是机器完全接管之前的进化过程的一个短暂阶段。如果地外文明沿着类似的路线进化，那么我们不太可能在它仍然以有机形式存在的短暂时间内探测到它。特别是，如果我们探测到地外技术文明，那么它更有可能是电子形式的，其中有血肉之躯的生物不再占据主导地位。

尽管迄今为止寻找地外文明的重点一直放在无线电或光学信号上，但我们也应该更加留意非自然工程项目的证据，如“戴森球”，其建造目的是获取大部分的恒星能量。甚至在我们的太阳系内就有可能存在看不见的外星人造物。事实上，哈佛大学天文学家阿维·洛布领导的伽利略计划的目标正在于此，洛布是寻找地外技术印记的积极倡导者。2023 年 7 月，洛布及其团队发现了 2014 年坠落在巴布亚新几内亚海域的一颗流星残骸，它们以微小的金属球体形式呈现。

根据流星的记录速度，洛布及其合作者得出结论，这颗流星可能与星际起源有关。这些金属球体的直径为 0.05~1.3 毫米，共计 850 个左右。在分析了其中大约 50 个球体的组分后，洛布及其团队宣布有 5 个球体（其中铍、镧和铀的含量很高）起源于太阳系外。起初，洛布推测这些球体可能是另一个文明的航天器碎片。在球体被送往哈佛大学做了进一步分析后，该团队在一份出版物中指出，这种不寻常的成分“可能来自太阳系外一颗具有铁芯的行星的岩浆海洋，也可能有更奇特的来源”。芝加哥大学的帕特里西奥·加拉德随后进行的一项独立研究表明，这些球体的成分与煤灰污染物（人类造成的工业污染）一致。尽管洛布团队对这一说法提出了异议，但大多数天文学家对球体与外星飞船有关的说法持强烈怀疑的态度。许多人甚至认为洛布的声明如此怪诞，以至于他们担心这种推测性的陈述会给人一种真正的科学是如何运行的错误印象。然而，本书作者赞同在太阳系内寻找外星人造物的总体思路。技术文物与电磁信号不同，电磁信号可以被加密到我们甚至认不出它们是人为创造的程度，而技术造物（如果被发现的话）可能更容易被识别出来。即使我们没有发现外星人的技术遗迹，这种搜索也可能会像搜索外星人的电磁信号一样，让我们获得某个与原始目标无关但十分有趣的惊喜。

另一个引起大量讨论和争议的星际天体是在 2017 年 10 月 19 日探测到的。这个在太阳系中飞驰的天体名叫“奥陌陌”（Oumuamua，其夏威夷语的含义大致是“第一个遥远的信使”或“侦察员”）。根据其速度和轨迹判断，它明显起源于太阳系外。除此之外，奥陌陌的有趣之处还在于，它呈现出不同寻常的雪茄状或煎饼状（长为 300~3 000 英尺，宽和厚仅为 115~550 英尺）。它也没有显示出类似于彗发的迹象（彗发是指彗星的彗核物质升华形成的云雾状包膜）。

相比之下，彗星的直径通常有几英里。由于其独有的特征，该天体最初被认为是一颗小行星，但 2018 年的进一步分析表明，它就算在远离太阳系的过程中也表现出非重力加速度。鉴于奥陌陌的独特性质，洛布认为这块岩石可能是由地外技术文明制造的地外探测器。然而，地外文明搜索项目的艾伦望远镜阵列和“突破聆听”项目的格林班克望远镜所进行的无线电观测，都没有发现任何异常的无线电信号。此外，在 2023 年 3 月发表的一篇论文中，加州大学伯克利分校的天体化学家珍妮弗·伯格纳和康奈尔大学的天文学家达里尔·塞利格曼提出，该天体符合微小彗星的特征，由从冰芯喷出的极少量氢气加速。虽然这一点并没有获得普遍认同，但大多数天文学家确实认为它应该不是一艘地外宇宙飞船。它并没有通过萨根格言的检验：“非凡的主张需要非凡的证据。”顺便说一句，业余天文学家根纳季·鲍里索夫在 2019 年发现了第二个星际天体（被命名为“2I/Borisov”），它显然是一颗流浪彗星。

总的来说，到目前为止，我们还没有发现任何令人信服的地外技术印记，但我们也意识到，我们的方法可能有点儿走偏了。与剑桥大学天体物理学家马丁·里斯等人一样，本书作者认为，如果地外文明搜索项目取得了成功，那么被检测到的信号不太可能是一个简单的可解码信息。相反，它可能是一些超复杂机器的意外产物（甚至可能是事故或故障的结果），远远超出我们的理解范围。即使外星人的信息被传输出来，我们可能也不会将其识别为人为信号，因为我们不知道该如何破译它们，就像一个只熟悉调幅（AM）的资深无线电工程师可能很难解码现代无线电的数字编码通信一样。事实上，如今的数据压缩技术旨在使信号变得尽可能地类似于不规则噪声。

总之，关于先进智慧技术生命的猜测比关于简单生命本质的猜测涉及的不确定性更大。目前来看，地外文明搜索项目可能被误导了。地外技术文明很可能不是有机的或生物性的，所以它们不会停留在系外行星的表面，我们当然也就无法理解或预测它们的动机、意图或行为。试图估计德雷克方程中最不确定的因子，可能对寻找技术印记也没有什么帮助。

在本章结尾，我们还要提到不明飞行物（UFO）或不明飞行现象（UAP）的目击事件。这个话题不容忽视，2023 年 7 月 26 日，三名前军方官员告诉美国国会众议院监督委员会，他们认为美国政府向公众隐瞒了对UAP的一些信息。这三名前军方官员就他们认为无法解释的不明飞行物目击事件，以及政府拥有的“非人类”生物物质等问题向国会提供了令人困惑的证词，尽管他们没有提供任何证据来支持这些证词。事实上，正如许多专家多年来指出的那样，许多此类现象都可以归因于各种类型的气球、无人机、大气事件、视错觉、商用客机的闪烁灯光，或者是纯粹的恶作剧。事实上，美国国防部做出的回应是，他们没有掌握任何能将UAP与外星人活动联系起来的证据，但他们也没有先入为主地排除这种可能性。美国国家航空航天局组建的一个包含 16 名专家的独立小组，也没有发现任何表明UAP本质上是地外生命的证据，尽管有些事件无法解释。本书作者在所有已发表的声明中都没有看到任何能够证明地外技术文明存在的可靠证据。因此，对我们来说，UFO或UAP的故事目前只是一种有趣的文化产物，而不是科学发现。在这方面，宾夕法尼亚州立大学的天体生物学家詹森·赖特提供的建议似乎是恰当的：“保持怀疑态度，但不要愤世嫉俗。”

在下一章，我们将对在实验室里合成活细胞的过程，以及寻找地外生命的情况进行简要的总结。

第13章

即将到来的重大突破

因此，问题不是看到没人看到的东西，而是在人人都能看到的东西里想到没人想到的东西。

阿图尔·叔本华，《附录和补遗》

地球生命是如何起源的？银河系的其他地方是否出现过生命？这是我们在本书开头提出的两个基本问题。答案似乎很接近，但我们仍然无法做出明确的回答。事实上，我们应该意识到，我们可能永远不会知道大约 40 亿年前，当前生命化学形成了第一批原细胞，以及这些原细胞开始进化成类似现代生命的东西时，地球上到底发生了什么。但我们已经看到，研究人员是如何利用巧妙的化学实验、地质研究、先进的天文观测和富有想象力的理论模型，勾勒出了一条从地球形成到早期细胞出现的合理路径（尽管它还不够完整）。与此同时，我们还介绍了天文学家和天体生物学家在过去 30 年中取得的惊人发现，这些发现使我们有可能探测到地外生命（如果不是非常罕见的话），或者至少能对这种生命的罕见程度做出有统计意义的估算。

寻找生命起源或地外生命的问题似乎很深奥，与我们日常生活中面临的问题相去甚远，但这一直是基础研究的本质。1909 年，瑞典著名物理化学家斯万特·阿伦尼乌斯出版了一本名为《宇宙的生命》（*The Life of the Universe*）的书。他在这本书的结尾给出了以下富有思想深度的评论：

> 如下说法简直大错特错：把时间花在对宇宙起源问题的理论探讨是一种浪费，我们永远不会超越古代哲学家的学识……随着人类的进步，文化和文明也在不断发展。特别是我们发现，所有年代的科学家都在为人类发声。

从科学史的角度看，我们认为科学分为两种类型：应用科学和尚未应用的科学。爱尔兰历史学家莱基记录了19世纪伟大的电磁学实验家迈克尔·法拉第的一句名言。法拉第是在与当时负责国家预算的英国财政大臣威廉·格拉德斯通进行的一次交流时说的这句话。莱基在1899年出版的《民主与自由》（*Democracy and Liberty*）一书中写道："法拉第的一位密友曾向我描述，当法拉第试图向格拉德斯通和其他几个人解释科学中的一项重要新发现时，格拉德斯通做出的唯一评论是：'但是，说到底，它有什么用？'法拉第回答说：'你很快就可以对它征税了！'"事实上，当詹姆斯·沃森和弗朗西斯·克里克开始构建DNA结构模型时，他们完全没想到自己的工作会催生出DNA生物技术产业，而这一产业彻底改变了医学，价值数千亿美元。

那么，我们现在在实验室合成活细胞和探测地外生命的工作，又在科学中处于什么位置呢？两个领域在过去10年中都取得了巨大进步，人们兴奋地发现，许多遗留问题即将得到解答。也许这些进展的最奇妙之处就是新问题的出现，因为直到最近我们甚至都不知道该问些什么。以下是对生命起源问题和科学现状的简要总结，以及我们最近才了解到的几个问题。

生命的起源

在从纯化学到生物学的道路上，最关键的三类未解决的问题分别是：生物学构建块合成中的遗留问题，组装第一个细胞的障碍问题，早期生命的后续进化问题。在核苷酸合成方面，我们现在掌握了一种简洁有效的化学路径来产生嘧啶核苷酸（基本构建块C和U）。正如我们看到的那样，我们可以从大气中捕获氰化物合成亚铁氰化物盐来追踪这一路径，这些亚铁氰化物盐会随着时间的推移而积累，形成一个物质储库。之后，通过熔岩流或陨石撞击产生的热和压强对这种原料进行热处理，然后冷却，并经过地下水过滤，由此产生氰化物和氰胺等反应性原料的高浓度溶液。这些溶液一旦被带到地表并暴露于紫外线，在火山脱气产生的亚硫酸盐的帮助下，就会形成单糖，随后合成为中间体 2AO，之后又合成为显著的结晶中间体RAO。RAO与氰乙炔（来自结晶储层）反应，产生无水–C核苷。后者与硫化物反应形成硫代–C的α–异头物（其中一个氧原子被硫原子取代）。这种α–异头物暴露在紫外线下会翻转其核碱基的方向，产生与生命相关的异头物β–2–硫代–C，然后脱去氨基（去除氨基）产生 2–硫代–U。这些含硫的C和U可以去掉硫，生成典型的嘧啶核苷。但这里有一个问题，在这个路径被构建出来之前，我们甚至不知道要问这样一个问题：原始遗传字母表是基于含硫嘧啶，还是基于不含硫的“现代”版本？研究基于含硫核苷酸的早期RNA版本的优缺点，现在成为几个实验室倾全力开展的实验工作主题。正如我们所展示的，基于氰化物、硫和紫外光的上述化学路径的一个非常令人满意的方面是，它解释了至少 8 种氨基酸是如何合成的，这些氨基酸在现代生物学中普遍用作合成蛋白质的构建块。氨基酸和核苷酸从同一个化学路径中诞生，是一个令人惊喜的结果。

对C嘧啶和U嘧啶的优雅形成路径的简要总结，自然而然地引出了如何合成嘌呤核苷（A和G）的问题，这也是RNA起源拼图中缺失的最大一块。不用说，这也是众多实验研究和争论的主题，大多数研究人员都希望很快能找到它。第二个未知领域是磷酸盐活化的化学机制（如何将磷酸盐附着在核苷上）。我们有很多化学方法可用来激活与前生命条件无关的磷酸盐，还有一些方法（如异氰酸酯化学）至少在前生命环境下具有微弱的合理性。然而，人们普遍认为，找到一种强大而现实的化学物质去驱动活化核苷酸的合成，这将填补我们对RNA合成和复制的理解中的一个重大空白。最后，我们对原细胞膜脂质成分的合成在很大程度上仍然一无所知。这显然是前生命化学中更值得关注的一个方面。总之，我们还没有达成目标，但我们正逐步了解通往生命所有基本构建块的有效化学路径。

还有其他一些重要问题有待解决。特别是，我们描述的化学过程需要放在早期地球地质学的背景下考量。现阶段我们只掌握了一些可能的情况。一个令人满意的例子是，亚铁氰化物盐在碱性碳酸盐湖中的不断积累，以及制造核苷酸所需的游离磷酸盐都具有良好的模拟合理性。最近有人提出了一个美好的想法，即通过有磁铁矿的地表结晶来分离核苷酸前体RAO的镜像形式。磁铁矿是一种常见的矿物，在含有溶解铁的湖泊中形成，因暴露在紫外线下而氧化，然后沉淀为铁络合物，最后转化为磁铁矿。在存在磁场（如地球的自然磁场）的情况下，磁铁矿的微观颗粒会被磁场定向。最近的实验证明，RAO的两种镜像形式之一在这种磁化地表上会发生特异性结晶。这是一个令人兴奋的发现，为在非生物环境中获得同源手性核苷酸提供了一种潜在的解决方案。人们目前正在进行实验，以便在现实的早期地球环境中严格测试这一过程的合理性。

最后一个非常困难的遗留问题是，是否有可能将所有这些独立的地球化学情景以正确的顺序排列在一起，使其在同一时间、同一地点生成所有必需的生命构建块。例如，亚铁氰化物盐储库可能会形成，但大多数时候它也可能被冲走或遭到破坏，只有在少数情况下才会得到正确处理并提供后续步骤所需的化合物。此外，这些化合物必须被输送到下一步生命可能发生的环境中。同样，纯晶体RAO和CV–DCI储库可能会在许多地方形成，但我们不知道在适当的条件下，需要多久它们才会溶解并结合在一起，从而产生核苷酸的下一个前体。如何正确模拟这样一系列的积累、运输过程和化学反应，仍然是该领域面临的一项巨大挑战。

接下来的问题是：我们离了解第一个原细胞是如何组装的还有多远？让我们假设在早期地球的某个地方存在一个具备所有必要组分的环境。然后呢？鉴于活化核苷酸的存在，RNA寡核苷酸（短核酸聚合物）的自发组装似乎很简单，因为几种不同类型的变化环境（干湿循环、冻融循环）都会导致聚合反应的发生。同样，考虑到存在足够浓度的脂质，膜囊泡的自组装几乎是不可避免的。只要这些过程可以同时发生，原细胞基本结构（包裹在膜囊泡内的RNA）的组装就不难想象。我们甚至已经大致了解了棘手的原细胞繁殖过程，尽管可以肯定的是，我们在这方面的知识仍然有缺失。但正如我们所看到的，在早期地球容易产生的条件下，多种过程都可以导致简单膜囊泡的生长和随后的分裂。我们还需要做更多工作去了解RNA的复制，但目前对基本的复制化学机制已经有了很好的理解，并且正在深入研究如何利用这种化学机制来驱动RNA复制。这里的一个重要问题是，复制（如囊泡的生长和分裂）是否必须由环境波动

（如冷热循环）来驱动，或者说，它是否可以在温和且恒定的条件下进行。另一个关键问题是，RNA的复制如何能够准确进行，以达到传递足量遗传信息（即编码有益RNA催化剂所需的信息）的目的。最后也最棘手的问题是，RNA的复制如何在与囊泡生长和分裂相容的条件下发生。毕竟，一切都必须协同运行，才能使原细胞繁殖并开始进化。这个谜题的解决方案在于，找到一种更强大的膜组分，或者发现一种催化RNA复制的不同方法，或者二者兼具。答案目前尚不清楚，但我们有信心在不久的将来找到它。

如果在一些有利的局部环境中建立起原细胞群落，那么接下来可能会发生什么？鉴于火山爆发和陨石撞击对早期地球的损害，生命瞬间灭绝或许是最有可能的结果。因此原细胞群落必须在不同的地方多次出现，才能幸运地存活足够长的时间，并进化成一种更强大的生命形式，在地球上广泛地繁衍生息，使得任何一场灾难性事件都无法摧毁这种生命的早期形式。

达尔文进化过程的最初步骤是什么？人们普遍认为，更有效的原细胞繁殖的强自然选择将集中在RNA复制上。能够催化RNA复制甚至复制核酶（通常被称为RNA复制酶）的进化当然是其中一种可能性，改进RNA复制的化学机制的催化剂将使RNA复制更加稳健。但是，只有在RNA复制提高了原细胞本身的繁殖或存活率的情况下，才会选择改进的RNA复制机制。如果RNA复制与膜生长相结合（如通过渗透压），就会发生这种情况。但另一种可能性是，第一种核酶做了截然不同的事情。如果第一种核酶对原细胞起到了有利作用，那么以更有效、更准确的方式复制该RNA序列将成为强自然选择。更有效的复制机制的进化将使原细胞能够维持更大的基因组，该基因组可以对执行其他新功能的额外核酶进行编码。这种级联效应有助于不断扩大的原细胞群落适应不同的环境。这些早期细胞是如何在遥远的环境中传播的？一种常见的假设是，这些细胞可能被破碎的波浪产生的气溶胶液滴捕获，然后被风携带到很远的距离外。另一种假设是，原细胞可能已经干涸，风干成灰尘颗粒。每当一个细胞降落在充满营养素的池塘或湖泊中时，它就会重新补充水分，再次开始生长和分裂。尽管这些想法目前只是假设，但它们都可以通过实验室实验得到验证，这应该能让我们更好地了解生命最初是如何在早期地球上传播和定居的。

现在，我们需要思考，如果达尔文的进化过程得到了确立，所有现代生物学特有的复杂系统将如何产生。这些系统包括：细胞代谢，合成编码蛋白质酶的翻译系统，介导所有跨细胞膜运输的复杂蛋白质，还有DNA信息存储功能的专化。事实上，RNA世界中相对简单的细胞是如何进化成当今生物学中更复杂的细胞的，这在很大程度上仍是一个谜，或者更确切地说是一系列谜。尽管我们缺乏直接证据，但对于限制现代生命发展的因素还是有些许逻辑思考的，这将有助于指导未来的研究。让我们从思考基本的原细胞结构开始：复制被膜囊泡包裹的RNA片段。首先，这种膜必须具有足够的渗透性，允许外部环境中产生的核苷酸等营养素自发进入细胞。这意味着细胞内产生的有用营养素既有可能渗透出去，也有可能被内部利用。因此，在膜本身减少渗透之前，进行内部代谢是没有用的。为什么会这样呢？正如我们所看到的，即使是少量磷脂的合成（也许是具有催化活性的核酶作用的结果），也会增强膜的生长。这将引发进化上的军备竞赛：细胞竞争制造出更多的磷脂，这反过来又会导致膜组成的变化，对进化的原细胞产生重要影响。随着膜中的磷脂含量逐渐增加，它的渗透性会降低，使细胞更难从环境中获得营养素，但出于同样的原因，细胞在内部合成营养素就更有价值了，即通过自身的细胞代谢。现代细胞代谢系统是一个由数百到数千个酶催化反应组成的高度复杂的网络。为了理解这个网络的演化，我们必须记住，每一项创新（即催化代谢反应的新RNA酶）都必须为宿主细胞带来选择性优势。最早的代谢创新可能增加了RNA复制所需的活化核苷酸或膜成分的合成。但是，细胞如何从完全依赖环境提供营养素（异养生活方式）逐渐过渡到能利用简单、丰富和现成的原料合成自己的所有组分，这并不容易理解。这是目前关于早期生命进化最有趣的问题之一。

另一个有趣的问题涉及以下两个方面。一是基本代谢反应的替代。这些基本代谢反应可以由RNA酶催化，也可以由蛋白质酶催化。二是控制跨细胞膜运输的蛋白质机制的出现。大多数关于蛋白质合成起源的理论都集中在遗传密码的起源上。尽管完整编码系统的产生模式已初现轮廓，但这一过程仍然相当模糊。我们可以从20种氨基酸中挑选任意一个子集来编码第一种蛋白质，并在以后将其他氨基酸添加到代码中。核糖体本身是一个极其复杂的分子装置。它有两个主要的亚基，其中一个负责催化新肽键的形成，另一个负责指导实际的编码工作。如果非编码的肽具有某些益处，并且稍后能将mRNA定向编码添加到系统中，那么肽将首先合成。核糖体用于合成肽的底物也很复杂，它们是一端连接着特定氨基酸的RNA分子。核糖体只有在它的底物存在的情况下才有可能进化。但为什么原细胞会产生氨基酰化RNA呢？一种可能性是，氨基酰化RNA在促进核酶组装方面发挥了先决作用，然后才被用于合成肽。根据这一假设，最早的酶是仅由RNA制成的核酶，然后才出现了改进的嵌合RNA-氨基酸酶，最后它们被肽（蛋白质）酶代替。具有疏水表面的编码蛋白质允许蛋白质在膜内进化，在那里它们可以充当孔和泵，成为细胞所需分子的进出通道。

最后是DNA本身。DNA作为大量信息的存储介质的优势显而易见，因为DNA在化学降解方面比RNA更稳定。此外，DNA和RNA功能的专化（前者用于信息存储和基因组复制，后者用于发挥其上述作用）似乎具有内在的优势。这样一来，每个分子都能以最佳方式执行自己的功能，避免了单一生物聚合物试图执行多种功能的不利局面。这里的一个重要的问题是：DNA是在进化过程的早期阶段还是晚期阶段进化成主要遗传信息存储介质的？或者说，向DNA合成转换以便存储信息的过程是迅速发生的，还是逐渐发生的？支持DNA早期作用的观点认为，脱氧核苷酸的合成与核糖核苷酸的合成可能是同时发生的。如果核糖核苷酸和脱氧核糖核苷酸是同时合成的，原细胞就可能含有混合的RNA/DNA聚合物。制造“纯”RNA所需的特异性可能必须等到核酶RNA聚合酶（一种可以催化RNA合成的RNA酶）的进化后才能发生。在这种情况下，一种突变酶可能迅速地转变为具备DNA合成功能以便存储信息，RNA则保留了其祖先的催化功能。虽然我们可能永远不会知道在生命的早期进化过程中所发生事件的确切顺序，但我们可以通过实验室的演化实验来证明几种可能性。我们希望能够合成不同复杂程度的简单细胞，从而找到一条从最简单的原细胞进化到复杂的现代细胞的可行路径。

地外生命

天文学领域可能会迎来更大的突破。正如我们在本书中所述，在过去几年中，我们已经形成了关于可能探测到地外生物印记的两种说法（尽管为时过早）：一种是在太阳系本身（以金星上磷化氢的形式），另一种是在系外海洋行星K2-18b上探测到二甲基硫物质。重要的是，这两种说法将很快通过计划中的观测得到检验。此外，还有人断言（尽管缺乏证据），我们可能已经发现了地外技术印记：一种是地球上据称来自外星飞船的陨石遗迹，另一种是通过探测到太阳系的一个令人困惑的星际天体（奥陌陌）发现的。虽然大多数天文学家确信，这些探测结果都不能代表真正的生物印记或技术印记，但他们似乎已经准备好在10年或20年内探测到地外生命（假设它存在的话）。考虑到近期的“十年调查”也强调了这一点，这种期望似乎更有可能实现了。例如，基于对“大型紫外-光学-红外探测器”（LUVOIR）和“宜居系外行星天文台”（HabEx）这两项早期任务的研究，美国国家航空航天局计划发射（可能在2040年左右）“宜居世界天文台”（HWO）。该天文台将在红外、光学和紫外波段，对绕类太阳恒星旋转的大约25颗潜在的宜居行星上的生物印记（甚至可能是技术印记）进行搜索。如果成功的话，这个天文台将会创造一项技术奇迹。为了能对太阳系外的类地行星（几十光年外的微小天体）进行成像，HWO必须保持惊人的稳定性。

很难预言当我们发现地外生命时会做何反应，更不用说检测到地外技术印记了。回想一下我们对在火星ALH84001陨石中发现生命（现在知道那是错的）的反应。《纽约时报》1996年8月7日的头版新闻标题是：“陨石的线索似乎表明很久以前火星上有生命存在。”由于这条新闻只涉及原始生命的潜在探测（而且是在太阳系的天体上），这种兴奋的氛围仅限于科学界，而公众的反应一般。毫无疑问，发现智慧文明的迹象会引起更强烈的反应，但这种反应的强度和性质可能取决于其他因素，如地球与先进文明之间的感知距离。

兴奋往往也会伴随着紧张和恐惧。毕竟，就连著名天体物理学家霍金也建议人类应该警惕与任何地外文明之间的接触。在一段网络视频中，他说，“与先进文明相遇可能就像美洲原住民与哥伦布相遇一样”，并告诫说“结果并不乐观”。宗教信仰可能也会受到影响，尽管不太严重。例如，梵蒂冈天文台台长盖伊·孔索尔玛各诺修士表示，他个人对宗教的韧性持乐观态度。他指出：“如果你信仰的宗教已经存活了数千年（而且它能应对哥白尼、伽利略甚至达尔文的挑战），那么E. T.（外星人）最终应该也会被接受。”

仅在我们的银河系中就有数亿颗宜居的系外行星，可观测宇宙中的星系数量更是多达数万亿，那么地球是不是唯一存在智慧生命的行星？在回答这个问题之前，我们首先要解决的问题是，我们既不知道生命自发出现的概率，也不知道原始生命进化为智慧生命的概率。我们在第 2 章至第 6 章中提到的实验和观测证据，以及本章前面的讨论表明，生命的许多组分都可以在与早期地球类似的环境中产生。然而，我们也指出，生命起源所需步骤的完整序列离不开特定的化学物质储层，而这些储层只有在特定的时间和适当的位置才可用。这些先决条件使得我们（至少目前）几乎不可能估计整个过程的发生概率。因此，回答“我们在宇宙中是孤独的吗？”这个问题，必然求助于天文学。除非我们真的很幸运，或者生命在宇宙中真的无处不在，否则要找到正确答案可能并不容易。关键在于，正如物理学家菲利普·莫里森曾经说过的那样：“成功的可能性很难估计；但如果我们不去搜索，成功的可能性就是零。”

—— 致谢 ——

直接或间接为本书做出贡献的合作者、同事和朋友实在太多了，以下只列出部分具有代表性的。我们特别感谢弗雷迪·亚当斯，菲利普·阿米蒂奇，约翰·巴罗，阿拿特·巴尚，萨吉·本·阿米，戴维·卡特林，陈艾琳，亚当·弗兰克，帕特里克·戈东，安德鲁·金，拉姆·克里希纳穆尔蒂，多伦·兰赛特，斯蒂芬·莱普，杰克·利绍尔，阿维·洛布，斯蒂芬·卢博，雷努·马尔霍特拉，谢里夫·曼瑟，丽贝卡·马丁，米歇尔·马约尔，彼得·麦卡洛，埃兰·奥菲克，吉姆·普林格尔，弗雷德·拉西奥，马丁·里斯，迪米塔尔·萨希洛夫，希尔克·施利希廷，萨拉·西格尔，塞思·绍斯塔克，莱昂内尔·西斯，约瑟夫·西尔克，杰里米·斯莫尔伍德，诺姆·索凯，马西莫·斯蒂亚韦利，约翰·萨瑟兰，吉尔·塔尔特，克里斯·陶特，杰夫·瓦伦蒂，伊娃·比利亚韦，阿达·尤纳斯和周丽军。

特别感谢我们的编辑 T. J.凯莱赫、克里斯滕·金、劳拉·海默特以及巴克西图书出版公司的整个制作团队。

—— 扩展阅读 ——

第 1 章　是怪异的化学事故，还是宇宙的必然要求？

文献注解

Lingam and Loeb（2021）对地球生命的起源和特征及在宇宙中寻找生命的许多方面做了技术性描述。Ward and Kirschvink（2016）对地球上生命的起源和进化进行了更为通俗的描述。Deamer（2020）以非专业的方式讨论了生命起源的话题。Joyce and Szostak（2018）讨论了原细胞的两个关键组成部分：自我复制的核酸基因组和膜。Plaxco and Gross（2021）简单介绍了天体生物学这门学科。Seager（2020）对寻找地外生命做了更个性的描述。Al Khalili（2016）是一本关于寻找地外生命的有趣且多样化的论文集。埃尔温·薛定谔的小书《生命是什么？》（2018）曾多次重印，激发了许多现代研究。Nurse（2020）对生命的性质和特征这一普遍问题提出了更新的观点。De Duve（2011）表达了生命可能是宇宙命令的观点。虽然England（2013）做出了一个推测，甚至发现了驱动生命起源和进化的物理学原理，但许多人并不相信。Dick（1980）全面讨论了历史上关于“多个有人居住的世界”问题的辩论。Greene（2020）对生命起源做了简短讨论。Rees（2000）对支配宇宙的定律以及这些定律为何允许生命的出现提出了深刻的见解。Spiegel and Turner（2012）对早期地球生命的出现是否意味着生命的普遍性进行了统计分析。Sloan, *et al.*（2020）是一系列有趣文章的合集，主题是讨论我们宇宙中的物理常数是否以某种方式进行了微调，使复杂性和生命得以出现。Tyson and Trefil（2021）对包括宇宙生命在内的各种宇宙问题进行了非常引人入胜的探索。Green（2023）在描述寻找宇宙生命的过程中，将科学和科幻小说进行了迷人的融合。

文献清单：

Al-Khalili, J., editor, 2016, *Aliens: The World's Leading Scientists on the Search for Extraterrestrial Life* (New York: Picador).

Deamer, D. W., 2020, *Origin of Life: What Everyone Needs to Know* (Oxford: Oxford University Press).

Dick, S. J., 1980, "The Origins of the Extraterrestrial Life Debate and Its Relation to the Scientific Revolution," *Journal of the History of Ideas* 41, no. 1 (January–March).

de Duve, C., 2011, "Life as a Cosmic Imperative?," *Philosophical Transactions of the Royal Society A* 369, no. 1936 (February).

England, J. L., 2013, "Statistical Physics of Self-Replication," *Journal of Chemical Physics* 139, no. 12 (September).

Green, J., 2023, *The Possibility of Life: Science, Imagination, and Our Quest for Kinship in the Cosmos* (New York: Hanover Square Press).

Greene, B., 2020, *Until the End of Time: Mind, Matter, and Our Search for Meaning in an Evolving Universe* (New York: Alfred A. Knopf).

Joyce, G. F., and Szostak, J. W., 2018, "Protocells and RNA Self-Replication," *Cold Spring Harbor Perspectives in Biology* 10, no. 9 (September).

Lingam, M., and Loeb, A., 2021, *Life in the Cosmos: From Biosignatures to Techno-signatures* (Cambridge, MA: Harvard University Press).

Nurse, P., 2020, *What Is Life? Understand Biology in Five Steps* (Oxford: David Fickling Books). Plaxco, K. W., and Gross, M., 2021, *Astrobiology: An Introduction* (Baltimore: Johns Hopkins University Press).

Rees, M., 2000, *Just Six Numbers: The Deep Forces That Shape the Universe*

(New York: Basic Books).

Schrödinger, E., 2018, *What Is Life? With Mind and Matter and Autobiographical Sketches* (Cambridge: Cambridge University Press).

Seager, S., 2020, *The Smallest Lights in the Universe: A Memoir* (New York: Crown).

Sloan, D., Batista, R. A., Hicks, M. T., and Davies, R., 2020, *Fine-Tuning in the Physical Universe* (Cambridge: Cambridge University Press).

Spiegel, D. S., and Turner, E. L., 2012, "Bayesian Analysis of the Astrobiological Implications of Life's Early Emergence on Earth," *Proceedings of the National Academy of Sciences USA* 109, no. 2 (January).

Tyson, N. D., and Trefil, J., 2021, *Cosmic Queries: StarTalk's Guide to Who We Are, How We Got Here, and Where We're Going* (Washington, DC: National Geographic).

Ward, P., and Kirschvink, J., 2016, *A New History of Life: The Radical New Discoveries About the Origins and Evolution of Life on Earth* (New York: Bloomsbury Publishing).

第 2 章　生命的起源：神秘的 RNA 世界

文献注解

Marshall（2021）对地球生命起源的历史、思想和研究进行了简明而通俗的总结。Sutherland（2016, 2017）、Szostak（2017a, 2017b）和Joyce and Szotak（2018）对过去几年关于地球生命起源的研究进行了简要的专业性回顾。Szostak（2009）简要解释了系统化学在早期地球生命出现方面所起的关键作用。Kim, *et al.*（2021）通过实验证明了RNA似乎总能战胜潜在的替代分子。Zhou, Ding and Szostak（2021）提出了原始RNA复制的潜在模型。尽管我们认为有令人信服的证据，但并非所有研究人员都同意我们提出的关于生命起源的假设。

文献清单：

Joyce, G. F., and Szostak, J. W., 2018, "Protocells and RNA Self-Replication," *Cold Spring Harbor Perspectives in Biology* 10, no. 9 (September).

Kim, S. C., et al., 2021, "The Emergence of RNA from the Heterogeneous Products of Prebiotic Nucleotide Synthesis," *Journal of the American Chemical Society* 143, no. 9 (March).

Marshall, M., 2021, "BBC Earth: The Secret of How Life on Earth Began," BBC, October 31, 2016, reposted on personal webpage, https://www.michaelcmarshall.com/blog/bbc-earth-the-secret-of-how-life-on-earth-began.

Sutherland, J. D., 2016, "The Origin of Life—Out of the Blue," *Angewandte Chemie International Edition* 55, no. 1 (January).

Sutherland, J. D., 2017, "Studies on the Origin of Life—the End of the Beginning," *Nature Reviews Chemistry* 1, no. 12.

Szostak, J. W., 2009, "Systems Chemistry on Early Earth," *Nature* 459 (May 14).

Szostak, J. W., 2017a, "The Narrow Road to the Deep Past: In Search of the Chemistry of the Origin of Life," *Angewandte Chemie International Edition* 56, no. 37 (September)

Szostak, J. W., 2017b, "The Origin of Life on Earth and the Design of Alternative Life Forms," *Molecular Frontiers Journal* 1, no. 2 (December).

Zhou, L., Ding, D., and Szostak, J. W., 2021, "The Virtual Circular Genome Model for Primordial RNA Replication," *RNA* 27, no. 1 (January).

第 3 章 生命的起源：从化学到生物学

文献注解

Szostak（2017）回顾了地球生命起源中从化学到生物学的潜在路径。Gollihar, Levy and Ellington（2014）解释了为什么通往第一个自我复制系统的路径可能有很多。Green, Xu and Sutherland（2021）描述了紫外线在前生命分子的光化学合成和对在生物学中起作用的分子的选择性方面所起的关键作用。Patel *et al.*（2015）讨论了生命分子前体的共同起源。

文献清单：

Gollihar, J., Levy, M., and Ellington, A., 2014, "Many Paths to the Origin of Life," *Science* 343 (January 17).

Green, N. J., Xu, J., and Sutherland, J. D., 2021, "Illuminating Life's Origins: UV Photochemistry in Abiotic Synthesis of Biomolecules," *Journal of the American Chemical Society* 143, no. 19 (May).

Patel, B. H., Percivalle, C., Ritson, D. J., Duffy, C. D., and Sutherland, J. D., 2015, "Common Origins of RNA, Protein and Lipid Precursors in a Cyanosulfidic Protometabolism," *Nature Chemistry* 7, no. 4 (April).

Sutherland, J. D., 2016, "The Origin of Life—Out of the Blue," *Angewandte Chemie International Edition* 55, no. 1 (January).

Szostak, J. W., 2017, "The Narrow Road to the Deep Past: In Search of the Chemistry of the Origin of Life," *Angewandte Chemie International Edition* 56, no. 37 (September).

第 4 章　生命的起源：氨基酸和肽的产生

文献注解

关于氨基酸的一般介绍，详见Nelson and Cox（2021）。Strecker（1850）发现了由醛产生氨基酸的一系列化学反应。Canavelli, *et al.*（2019）和Foden, *et al.*（2020）对肽连接进行了专业研究。Ritson and Sutherland（2013）讨论了核糖核苷酸和氨基酸前体的同时合成问题。

文献清单：

Canavelli P., Islam S., and Powner, M. W., 2019, "Peptide Ligation by Chemoselective Aminonitrile Coupling in Water," *Nature* 571 (July 25).

Foden, C. S., Islam, S., Fernández-García, C., Maugeri, L., Sheppard, T. D., and Powner, M. W., 2020, “Prebiotic Synthesis of Cysteine Peptides That Catalyze Peptide Ligation in Neutral Water,” *Science* 370 (November 13).

Nelson, D. L., and Cox, M. M., 2021, *Lehninger Principles of Biochemistry*, 8th ed. (New York: W. H. Freeman).

Ritson, D. J., and Sutherland, J. D., 2013, “Synthesis of Aldehydic Ribonucleotide and Amino Acid Precursors by Photoredox Chemistry,” *Angewandte Chemie International Edition in English* 52, no. 22 (May).

Strecker, A., 1850, “Ueber die künstliche Bildung der Milchsäure und einen neuen, dem Glycocoll homologen Körper,” *Annalen der Chemie und Pharmacie* 75, no. 1.

第 5 章 生命的起源：从组装第一个原细胞开始

文献注解

关于细胞生命本质及其在地球上的潜在起源的开创性论文，详见 Szostak, Bartel, and Luisi（2001）。关于囊泡的组装、生长和分裂的实验研究，详见 Hanczyc, et al.（2003）；Chen, et al.（2004）；Budin and Szostak（2011）；Butin, et al.（2014）；Kindt, et al.（2020）。关于模型原细胞内RNA模板复制的研究，详见 Adamala and Szostak（2013）和 O’Flaherty, et al.（2018）。对虚拟圆形基因组模型的测试，详见 Ding, et al.（2023）。关于非酶组装和复制各个方面的研究，详见 Rajamani, et al.（2010）和 Radakovic, et al.（2022）。关于具有RNA聚合酶活性的RNA酶的实验室进化的最新进展，详见 Papastavrou, et al.（2024）。

文献清单：

Adamala, K., and Szostak, J. W., 2013, “Nonenzymatic Template-Directed RNA Synthesis Inside Model Protocells,” *Science* 342 (November 29).

Budin, I., and Szostak, J. W., 2011, “Physical Effects Underlying the Transition from Primitive to Modern Cell Membranes,” *Proceedings of the*

National Academy of Sciences USA 108, no. 14 (March).

Budin, I., Prywes, N., Zhang, N., and Szostak, J. W., 2014, "ChainLength Heterogeneity Allows for the Assembly of Fatty Acid Vesicles in Dilute Solutions," *Biophysical Journal* 107, no. 7 (October).

Chen, I. A., Roberts, R. W., and Szostak, J. W., 2004, "The Emergence of Competition Between Model Protocells," *Science* 305 (September 3).

Ding, D., Zhou, L., Mittal, S., and Szostak, J. W., 2023, "Experimental Tests of the Virtual Circular Genome Model for Nonenzymatic RNA Replication," *Journal of the American Chemical Society* 145, no. 13 (April).

Hanczyc, M. M., Fujikawa, S. M., and Szostak, J. W., 2003, "Experimental Models of Primitive Cellular Compartments: Encapsulation, Growth, and Division," *Science* 302 (October 24).

Kindt, J., Szostak, J. W., and Wang, A., 2020, "Bulk Self-Assembly of Giant, Unilamellar Vesicles," *ACS Nano* 14, no. 11 (November).

O'Flaherty, D., Kamat, N. P., Mizra, F. N., Li, L., Prywes, N., and Szostak, J. W., 2018, "Copying of Mixed Sequence RNA Templates Inside Model Protocells," *Journal of the American Chemical Society* 140, no. 15 (April).

Papastavrou, N., Horning, D. P., and Joyce, G. F., 2024, "RNACatalyzed Evolution of Catalytic RNA," *Proceedings of the National Academy of Sciences USA* 121, no. 11 (March).

Radakovic, A., *et al.*, 2022, "Nonenzymatic Assembly of Active Chimeric Ribozymes from Aminoacylated RNA Oligonucleotides," *Proceedings of the National Academy of Sciences USA* 119, no. 7 (February).

Rajamani, S., Ichida, J. K., Antal, T., Treco, D. A., Leu, K., Nowak, M. A., Szostak, J. W., and Chen, I. A., 2010, "Effect of Stalling After Mismatches on the Error Catastrophe in Nonenzymatic Nucleic Acid Replication," *Journal of the American Chemical Society* 132, no. 16 (April).

Szostak, J. W., Bartel, D. P., and Luigi Luisi, P., 2001, "Synthesizing Life," *Nature* 409 (January 18).

第 6 章 温暖的小池塘：从天体物理学和地质学到化学和生物学

文献注解

Sasselov, Grotzinger and Sutherland（2020）展示了将实验室实验与地质学、地球化学和天体物理学观测相结合的方法，如何帮助构建一条强大的生命起源化学路径。Mann（2018）简要介绍了人们对地球上晚期重轰炸现实（或非现实）的看法变化。O’Callaghan（2022）讨论了“暗淡太阳悖论”的潜在解决方案及其影响。Ranjan, et al.（2019）提出的证据进一步证实了地球生命可能起源于陆地上的浅水塘，而不是海底。在发表在《量子杂志》（*Quanta Magazine*）上的一篇采访中，生物化学家戴维·迪默也解释了他为什么把池塘作为地球生命起源的地方，详见 Singer（2016）。Russell（2021）回顾并讨论了相反的观点，即生命起源于深海热液喷口。Zhang, *et al.*（2022）的研究表明，冻融循环的简单和常见的环境波动可能在前生命核苷酸激活、非酶RNA复制及早期地球遗传信息系统的出现方面发挥着重要作用，这为浅池塘情景提供了更多支持。Zahnle, et al.（2020）和Osinski, et al.（2020 年）以及Martin and Livio（2021, 2022）分析并讨论了小行星对早期地球的撞击在减少大气、带来地表水和为生命起源创造摇篮等方面的潜在作用。

文献清单：

Mann, A., 2018, “Bashing Holes in the Tale of Earth’s Troubled Youth,” *Nature* 553 (January 24).

Martin, R. G., and Livio, M., 2021, “How Much Water Was Delivered from the Asteroid Belt to the Earth After Its Formation?,” *Monthly Notices of the Royal Astronomical Society* 506, no. 1 (September).

Martin, R. G., and Livio, M., 2022, “Asteroids and Life: How Special Is the Solar System?,” *Astrophysical Journal Letters* 926, no. 2 (February).

O’Callaghan, J., 2022, “A Solution to the Faint Sun Paradox Reveals a Narrow Window for Life,” *Quanta Magazine*, January 27, https:// www. quantamagazine.org/the-sun-was-dimmer-when-earth-formed-how-did-lifeemerge-20220127/.

Osinski, G. R., Cockell, C. S., Pontefract, A., and Sapers, H. M., 2020, "The Role of Meteorite Impacts in the Origin of Life," *Astrobiology* 20, no. 9 (September).

Ranjan, S., et al., 2019, "Nitrogen Oxide Concentrations in Natural Waters on Early Earth," *Geochemistry, Geophysics, Geosystems* 20, no. 4 (April).

Russell, M. J., 2021, "The 'Water Problem' (sic), Illusory Pond and Life's Submarine Emergence—A Review," *Life* 11, no. 5 (May).

Sasselov, D. D., Grotzinger, J. P., and Sutherland, J. D., 2020, "The Origin of Life as a Planetary Phenomenon," *Science Advances* 6, no. 6 (February).

Singer, E., 2016, "In Warm Greasy Puddles, the Spark of Life?," *Quanta Magazine*, March 17, https://www.quantamagazine.org/in-warm-greasy-puddles-the-spark-of-life-20160317/.

Zahnle, K. J., Lupu, R., Catling, D. C., and Wogan, N., 2020, "Creation and Evolution of Impact-Generated Reduced Atmospheres of Early Earth," *Planetary Science Journal* 1, no. 1 (May).

Zhang, S. J., Duzdevich, D., Ding, D., and Szostak, J. W., 2022, "Freeze-Thaw Cycles Enable a Prebiotically Possible and Continuous Pathway from Nucleotide Activation to Nonenzymatic RNA Copying," *Proceedings of the National Academy of Sciences USA* 119, no. 17 (April).

第 7 章 太阳系的其他行星上存在生命吗？

文献注解

Stewart Johnson（2020）对火星生命的搜寻进行了完美而全面的描述。Shindell（2023）呈现了人类对火星着迷的历史。Kaufman（2014）对好奇号火星车进行了丰富的展示和充分的解释。Sawyer（2006）介绍了ALH84001陨石故事的早期阶段。Steele et al.（2022）介绍了关于陨石的最新发现，这些发现表明陨石中的有机分子是由地质（而不是生物）过程形成的。Martel, et al.（2012）发表了对陨石数据的早期回顾。Cooper（1980）详细描述了维京号着陆器的实验及其结果。Shekhtman（2021）描述了火星上的甲烷之谜。Foley and Smye（2018）研究了板块构造活动对于维持生命是否有必要的问题。Plait（2023）描述并讨论了火星上火山活动的新证据，Chang（2022）总结了毅力号火星车的一些观测结果。Ruff, et al.（2020）提出了火星古舍夫陨石坑存在温泉的可能性，van Kranendk, et al.（2021）在寻找太阳系生命的背景下分析了热液场现象。Stirone, Chang and Overbye（2021）对金星的厚大气层中磷化氢的初步发现及其潜在影响进行了广泛的描述。Greaves, et al.（2021）宣布了这一科学发现。Bains, et al.（2021）和Bains, et al（2022）对结果进行了更多的技术讨论，并评估了磷化氢的潜在非生物来源。

文献清单：

Bains, W., et al., 2021, "Venusian Phosphine: A 'Wow!' Signal in Chemistry?," preprint, November 9, arXiv:2111.05182.

Bains, W., et al., 2022, "Constraints on the Production of Phosphine by Venusian Volcanoes," *Universe* 8, no. 1 (January).

Chang, K., 2022, "On Mars, a Year of Surprise and Discovery," *New York Times*, February 15, https://www.nytimes.com/2022/02/15/science/mars-nasa-perseverance.html.

Cooper Jr., H. S. F., 1980, *The Search for Life on Mars: Evolution of an Idea* (New York: Henry Holt and Company).

Foley, B. J., and Smye, A. J., 2018, "Carbon Cycling and Habitability of Earth-Sized Stagnant Lid Planets," *Astrobiology* 18, no. 7 (July).

Greaves, J. S., et al., 2021, "Phosphine Gas in the Cloud Decks of Venus," *Nature Astronomy* 5 (July).

Kaufman, M., 2014, *Mars Up Close: Inside the Curiosity Mission* (Washington, DC: National Geographic).

Martel, J., et al., 2012, "Biomimetic Properties of Minerals and the Search for Life in the Martian Meteorite ALH84001," *Annual Review of Earth and Planetary*

Sciences 40.

Plait, P., 2023, "Volcanic Activity on Mars Upends Red Planet Assumptions," *Scientific American, January* 5, https://www.scientificamerican.com/article/volcanic-activity-on-mars-upends-red-planet-assumptions/.

Ruff, S. W., et al., 2020, "The Case for Ancient Hot Springs in Gusev Crater, Mars," *Astrobiology* 20, no. 4 (April).

Sawyer, K., 2006, *The Rock from Mars: A Detective Story on Two Planets* (New York: Random House).

Shekhtman, L., 2021, "First You See It, Then You Don't: Scientists Closer to Explaining Mars Methane Mystery," NASA Jet Propulsion Laboratory, June 29, https://www.jpl.nasa.gov/news/first-you-see-it-then-you-dont-scientists-closer-to-explaining-mars-methane-mystery.

Shindell, M., 2023, *For the Love of Mars: A Human History of the Red Planet* (Chicago: University of Chicago Press).

Steele, A., et al., 2022, "Organic Synthesis Associated with Serpentinization and Carbonation on Early Mars," *Science* 375 (January 13).

Stewart Johnson, S., 2020, *The Sirens of Mars: Searching for Life on Another World* (New York: Crown).

Stirone, S., Chang, K., and Overbye, D., 2021, "Life on Venus? Astronomers See a Signal in Its Clouds," *New York Times*, June 22, https://www.nytimes.com/2020/09/14/science/venus-life-clouds.html.

van Kranendonk, M. J., et al., 2021, "Terrestrial Hydrothermal Fields and the Search for Life in the Solar System," *Bulletin of the American Astronomical Society* 53, no. 4 (May).

第 8 章　太阳系的卫星上存在生命吗？

文献注解

Hand（2020）描述了对木星卫星和土星卫星的探索，以及在这些卫星的地下海洋中寻找生命的细节。Reynolds, et al.（1983）最先讨论了欧罗巴的潜在宜居性。在南极洲沃斯托克湖发现的生命形式支持了生命可以在非常厚的冰层下的液态海洋中持续存在的想法，详见Gura and Rogers（2020）。约翰·普利斯库在南极洲的默瑟湖和惠兰斯湖进行了类似的研究，详见Nadis（2020）。土卫二已成为寻找太阳系中地外生命的最具吸引力的目标之一，美国国家航空航天局（2017）对此提供了一个很好的解释。McKay（2016）全面讨论了土卫六存在生命的可能性，Lorenz（2020）对土卫六做了详细描述。Affaholder, et al.（2021）描述了这样一个事实，即观测到的土卫二甲烷逃逸率至少暂时与产甲烷菌的宜居条件的假设一致。Peter, Nordheim and Hand（2023）描述了土卫二羽流中氰化氢的发现。Sandström and Rahm（2020）研究了关于土卫六上可能存在不同类型生命的想法，Lorenz, Lunine and Neish（2011）提出，少量氰化氢可能起到使液态烃中极性分子（特别是水冰）变成溶剂的作用。

文献清单：

Affholder, A., et al., 2021, “Bayesian Analysis of Enceladus’s Plume Data to Assess Methanogenesis,” *Nature Astronomy* 5 (June).

Gura, C., and Rogers, S. O., 2020, “Metatranscriptomic and Metagenomic Analysis of Biological Diversity in Subglacial Lake Vostok (Antarctica),” *Biology* 9, no. 3 (March).

Hand, K. P., 2020, *Alien Oceans: The Search for Life in the Depths of Space* (Princeton: Princeton University Press).

Lorenz, R., 2020, *Saturn’s Moon Titan: From 4.5 Billion Years Ago to the Present* (Sparkford, UK: Haynes Publishing).

Lorenz, R. D., Lunine, J. I., and Neish, C. D., 2011, “Cyanide Soap? Dissolved Material in Titan’s Seas,” European Planetary Science Congress (EPSC)—Division for Planetary Sciences meeting 2011, 488.

McKay, C. P., 2016, “Titan as the Abode of Life,” *Life* 6, no. 1 (February).

Nadis, S., 2020, “He Found ‘Islands of Fertility’ Beneath Antarctica’s Ice,”

Quanta Magazine, July 20, https://www.quantamagazine.org /john-priscu-finds-life-in-antarcticas-frozen-lakes-20200720/.

NASA, 2017, "The Moon with the Plume," April 12, http://solar system.nasa.gov/news/13020/the-moon-with-the-plume/.

Peter, J. S., Nordheim, T. A., and Hand, K. P., 2023, "Detection of HCN and Diverse Redox Chemistry in the Plume of Enceladus," *Nature Astronomy* 8.

Reynolds, R. T., Squires, S. W., Colburn, D. S., and McKay, C. P., 1983, "On the Habitability of Europa," *Icarus* 56, no. 2 (November).

Sandström, H., and Rahm, M., 2020, "Can Polarity-Inverted Membranes Self-Assemble on Titan?," *Science Advances* 6, no. 4 (January).

第 9 章　对系外生命的天文探索

文献注解

关于探测系外行星的一般性文献，特别是关于宜居行星及其特性的文献，数量庞大。Kaltenegger（2024）对寻找类地行星进行了美妙的描述。Mason（2010）总结了相关的方法和系外行星的特征。对系外行星研究阐述得最全面的也许要算Perryman（2018）。另一本强调系外行星多样性的书是Summers and Trefil（2017）。Dressing and Charbonneau（2015）和Bryson, et al.（2021）估计了宜居系外行星的数量。Schulze-Makuch, et al.（2020）发现了一些比地球更适合生命的系外行星。Hill, et al.（2023）罗列了一份位于其寄主星宜居带内的系外行星名录。Laland, Mathews and Feldman（2016）阐释了生态位构建的话题。关于对潜在宜居世界计算机建模师Lisa Kaltenegger的有趣采访，详见Sokol（2022）。关于系外行星大气及其研究方法，详见Seager and Deming（2010）和Deming and Seager（2017）。对潜在的地外生命特征的出色而详细的（技术）讨论，详见Catling, et al.（2018）和Schwieterman, et al.（2018）。Chan, et al.（2019）对地外生物印记这个更普遍的话题进行了综述。Meadows, et al.（2018）仔细研究了氧气作为生物印记的具体内容。Lustig Yaeger, et al.（2018）分析了探测系外行星海洋闪烁的可行性。关于M型矮星周围行星的宜居性一直存在广泛争议。关于围绕小质量恒星运行的行星所涉问题的讨论，可以在下述文献中找到：Shields, Ballard and Asher-Johnson（2016）；Wandel（2018）；Ranjan, Wordsworth and Sasselov（2017）；Childs, Martin and Livio（2022）。潜在的宜居系外行星列表，详见PHL@UPR Arecibo“宜居系外行星名录”：https://phl.upr.edu/projects/habitable-exoplanets-catalog。Billings（2017）很好地讨论了系外卫星（围绕系外行星运行的卫星）上存在生命的可能性。Greene, et al.（2023）和Zieba, et al.（2023年）描述了系外行星系统TRAPPIST-1的最新观测结果，Selsis, et al.（2023）讨论了它们的潜在影响。Howard, et al.（2023）研究了TRAPPIST-1耀斑的特征光谱。Madhusudhan, et al.（2023）描述了甲烷和二氧化碳的检测，以及K2-18b大气中二甲基硫的潜在检测方法。Shorttle, et al.（2024）认为，K2-18b可能具有熔融的表面，而不是海洋。关于2020年天体物理学“十年调查”的建议，可以在Dreier（2021）和Kaufman（2021）中找到。

文献清单：

Billings, L., 2017, “The Search for Life on Faraway Moons,” *Scientific American,* special ed. (Fall 2017).

Bryson, S., et al., 2021, “The Occurrence of Rocky Habitable-Zone Planets Around Solar-Like Stars from Kepler Data,” *Astronomical Journal* 161, no. 1 (December).

Catling, D. C., et al., 2018, “Exoplanet Biosignatures: A Framework for Their Assessment,” *Astrobiology* 18, no. 6 (June).

Chan, M. A., et al., 2019, “Deciphering Biosignatures in Planetary Contexts,” *Astrobiology* 19, no. 9 (September).

Childs, A. C., Martin, R. G., and Livio, M., 2022, “Life on Exoplanets in the Habitable Zone of M Dwarfs?,” *Astrophysical Journal Letters* 937, no. 2 (October).

Deming, L. D., and Seager, S., 2017, “Illusion and Reality in the

Atmospheres of Exoplanets," *Journal of Geophysical Research: Planets* 122.

Dreier, C., 2021, "Your Guide to the 2020 Astrophysics Decadal Survey: The Future, If You Want It," Planetary Society, December 3, https://www.planetary.org/articles/the-2020-astrophysics-decadal-survey-guide.

Dressing, C. D., and Charbonneau, D., 2015, "The Occurrence of Potentially Habitable Planets Orbiting M Dwarfs Estimated from the Full Kepler Dataset and an Empirical Measurement of the Detection Sensitivity," *Astrophysical Journal* 807, no. 1 (July).

Greene, T. P., et al., 2023, "Thermal Emission from the Earth-Sized Exoplanet TRAPPIST-1 b Using JWST," *Nature* 618 (June 1).

Hill, M. L., et al., 2023, "A Catalog of Habitable Zone Exoplanets," *Astronomical Journal* 165, no. 34 (February).

Howard, W. S., et al., 2023, "Characterizing the Near-Infrared Spectra of Flares from TRAPPIST-1 During JWST Transit Spectroscopy Observations," October 5, arXiv:2310.03792.

Kaltenegger, L., 2024, *Alien Earths: The New Science of Planet Hunting in the Cosmos* (New York: St. Martin's Press).

Kaufman, M., 2021, "NASA Should Build a Grand Observatory Designed to Search for Life Beyond Earth, Panel Concludes," Many Worlds, November 5, https://manyworlds.space/2021/11/05/nasa-should-build-a-grand-observatory-designed-to-search-for-life-beyond-earth-panel-concludes/.

Laland, K., Matthews, B., and Feldman, M. W., 2016, "An Introduction to Niche Construction Theory," *Evolutionary Ecology* 30, no. 2.

Lustig-Yaeger, J., et al., 2018, "Detecting Ocean Glint on Exoplanets Using Multiphase Mapping," *Astronomical Journal* 156, no. 6 (December).

Madhusudhan, N., et al., 2023, "Carbon-Bearing Molecules in a Possible Hycean Atmosphere," October 4, arXiv:2309.05566.

Mason, J. W., editor, 2010, *Exoplanets: Detection, Formation, Properties, Habitability* (Chichester, UK: Praxis Publishing).

Meadows, V. S., et al., 2018, “Exoplanet Biosignatures: Understanding Oxygen as a Biosignature in the Context of Its Environment,” *Astrobiology* 18, no. 6 (June).

Perryman, M., 2018, *The Exoplanet Handbook*, 2nd ed. (Cambridge: Cambridge University Press).

Ranjan, S., Wordsworth, R., and Sasselov, D., 2017, “The Surface UV Environment on Planets Orbiting M Dwarfs: Implications for Prebiotic Chemistry and the Need for Experimental Follow-Up,” *Astrophysical Journal* 843, no. 110 (July).

Schulze-Makuch, D., Heller, R., and Guinan, E., 2020, “In Search for a Planet Better Than Earth: Top Contenders for a Superhabitable World,” *Astrobiology* 20, no. 12 (December).

Schwieterman, E. W., et al., 2018, “Exoplanet Biosignatures: A Review of Remotely Detectable Signs of Life,” *Astrobiology* 18, no. 6 (June).

Seager, S., and Deming, D., 2010, “Exoplanet Atmospheres,” *Annual Review of Astronomy and Astrophysics* 48.

Selsis, F., et al., 2023, “A Cool Runaway Greenhouse Without Surface Magma Ocean,” *Nature* 620 (August 9).

Shields, A. L., Ballard, S., and Asher Johnson, J., 2016, “The Habitability of Planets Orbiting M-Dwarf Stars,” *Physics Reports* 663 (December).

Shorttle, O., et al., 2024, “Distinguishing Oceans of Water from Magma on Mini-Neptune K2-18b,” *Astrophysical Journal Letters* 962, no. 1 (February).

Sokol, J., 2022, “A Dream of Discovering Alien Life Finds New Hope,” *Quanta Magazine*, November 3, https://www.quantamagazine.org/alien-life-a-dream-of-discovery-finds-new-hope-20221103/.

Summers, M., and Trefil, J., 2017, *Exoplanets: Diamond Worlds, Super Earths, Pulsar Planets, and the New Search for Life Beyond Our Solar System* (Washington, DC: Smithsonian Books).

Wandel, A., 2018, “On the Biohabitability of M-Dwarf Planets,”

Astronomical Journal 856, no. 3 (April).

Zieba, S., et al., 2023, "No Thick Carbon Dioxide Atmosphere on the Rocky Exoplanet TRAPPIST-1 c," *Nature* 620 (August 24).

第 10 章　未知的生命：自然与非自然的设计

文献注解

Szostak（2017）认为合成化学物质的广泛存在表明，有可能基于与地球生命不同的生物化学机制来设计生命。Moskowitz（2017）对在太空中检测到的极端分子给出了一个很通俗的描述。Petkowski, Bains and Seager（2020）对硅（而不是碳）作为生命的潜在构建块进行了出色的研究。Bains, et al.（2021）研究了使用硫酸作为水的替代溶剂的可能性。Kunieda, Nakamura and Evans（1991）研究了非极性有机溶剂中由内而外的膜囊泡的产生。Hardy, et al.（2015）研究了人工膜（化学上不同于生物膜）的形成。Scoles（2023）对我们所不知道的生命搜寻方式进行了通俗的描述。Kubyshkin and Budisa（2019）简要回顾了替代遗传密码。Trefil and Summers（2019）是一本富有想象力和推理的书，探索了地外生命可能是什么样子。Gagler, et al.（2022）试图在生命的生化反应中确定普遍的标度定律，这是一个有趣的尝试。Bostrom（2014）对潜在的基于人工智能的生命和“超级智能”这一主题进行了精彩的讨论。

文献清单：

Bains, W., Petkowski, J. J., Zhan, Z., and Seager, S., 2021, "Evaluating Alternatives to Water as Solvents for Life: The Example of Sulfuric Acid," *Life* 11, no. 5 (May).

Bostrom, N., 2014, *Superintelligence: Paths, Dangers, Strategies* (Oxford: Oxford University Press).

Hardy, M. D., et al., 2015, "Self-Reproducing Catalyst Drives Repeated Phospholipid Synthesis and Membrane Growth," *Proceedings of the National*

Academy of Sciences USA 112, no. 27 (July).

Gagler, D. C., Karas, B., Kempes, C. P., and Waker, S. I., 2022, "Scaling Laws in Enzyme Function Reveal a New Kind of Biochemical Universality," *Proceedings of the National Academy of Sciences USA* 119, no. 9 (March).

Kubyshkin, V., and Budisa, N., 2019, "Anticipating Alien Cells with Alternative Genetic Codes: Away from the Alanine World!," *Current Opinion in Biotechnology* 60 (December).

Kunieda, H., Nakamura, K., and Evans, D. F., 1991, "Formation of Reversed Vesicles," *Journal of the American Chemical Society* 113, no. 3.

Moskowitz, C., 2017, "Extreme Molecules in Space," *Scientific American,* special ed. (Fall 2017).

Petkowski, J. J., Bains, W., and Seager, S., 2020, "On the Potential of Silicon as a Building Block for Life," *Life* 10, no. 6 (June).

Scoles, S., 2023, "The Search for Extraterrestrial Life as We Don't Know It," *Scientific American*, February 1.

Szostak, J. W., 2017, "The Origin of Life on Earth and the Design of Alternative Life Forms," *Molecular Frontiers Journal* 1, no. 2 (December).

Trefil, J., and Summers, M., 2019, *Imagined Life: A Speculative Scientific Journey Among the Exoplanets in Search of Intelligent Aliens, Ice Creatures, and Supergravity Animals* (Washington, DC: Smithsonian Books).

第 11 章　寻找地外智慧生命：初步想法

文献注解

德雷克方程已得到广泛讨论，详见 Lemonick（1998）和 Frank（2018）。Frank（2018）还研究了地外智慧文明可能存在于宇宙某处的说法。Seager（2016）讨论了不同版本的德雷克方程，根据 TESS 和 JWST 的观测结果，文献用该方程估计了具有可检测生物印记的系外行星的数量。Webb（2015）提出、分析和讨论了费米悖论的 75 种可能的解决方案。Livio and Silk（2017）

是一篇关于寻找地外生命的通俗而简短的评论。Engler and von Wehrden（2019）提出了一种估算银河系中技术物种数量的经验方法。Carter（1983）、Ward and Brownlee（2000）、Davies（2010）和Gribbin（2011）分别提出了“复杂生命极为罕见”以及“我们在宇宙中可能是孤独的”等观点。Livio（1999）指出了卡特论证中的一个潜在弱点。Bostrom（2002）对人择原理进行了全面讨论。Livio（2023）对哥白尼原理进行了通俗的讨论。

文献清单：

Bostrom, N., 2002, *Anthropic Bias: Observation Selection Effects in Science and Philosophy* (Abingdon: Routledge).

Carter, B., 1983, “The Anthropic Principle and Its Implications for Biological Evolution,” *Philosophical Transactions of the Royal Society of London A* 310 (December).

Davies, P., 2010, *The Eerie Silence: Renewing Our Search for Alien Intelligence* (Boston: Houghton Mifflin Harcourt)

Engler, J.-O., and von Wehrden, H., 2019, “‘Where Is Everybody?’: An Empirical Appraisal of Occurrence, Prevalence and Sustainability of Technological Species in the Universe,” *International Journal of Astrobiology* 18, no. 6.

Frank, A., 2018, *Light of the Stars: Alien Worlds and the Fate of the Earth* (New York: W. W. Norton).

Gribbin, J., 2011, *Alone in the Universe: Why Our Planet Is Unique* (Hoboken, NJ: John Wiley & Sons).

Lemonick, M. D., 1998, *Other Worlds: The Search for Life in the Universe* (New York: Simon & Schuster).

Livio, M., 1999, “How Rare Are Extraterrestrial Civilizations, and When Did They Emerge?,” *Astrophysical Journal* 511, no. 1 (January).

Livio, M., 2023, “How Far Should We Take Our Cosmic Humility?,” *Scientific American*, April 19, https://www.scientificamerican.com/article/how-far-should-we-take-our-cosmic-humility1/.

Livio, M., and Silk, J., 2017, “Where Are They?,” *Physics Today* 70, no. 3 (March).

Seager, S., 2016, “Are They Out There? Technology, the Drake Equation, and Looking for Life on Other Worlds,” in Al-Khalili, J., editor, 2016, *Aliens: The World's Leading Scientists on the Search for Extraterrestrial Life* (New York: Picador), 188.

Ward, P. D., and Brownlee, D., 2000, *Rare Earth: Why Complex Life Is Uncommon in the Universe* (New York: Copernicus).

Webb, S., 2015, *If the Universe Is Teeming with Aliens... WHERE IS EVERYBODY? Seventy-Five Solutions to the Fermi Paradox and the Problem of Extraterrestrial Life* (New York: Springer).

第 12 章　搜索地外文明的印记

文献注解

Shostak（2009）对早期地外生命搜索项目的探测结果进行了很好的描述。Frank（2023）是最近一本关于寻找外星人的令人愉快的书。Scoles（2017）也是一篇追随Jill Tarter的脚步对地外生命搜索项目进行研究的作品。地外生命搜索就像“大海捞针”，Tarter, et al.（2010）对此进行了讨论。Wright, Kanodia and Lubar（2018）对地外生命搜索项目做了最新评估。洛布在其著作Loeb（2021）中，对他所提出的星际天体奥陌陌是地外文明创造的一项先进技术这一有争议的说法做了描述。关于对陨石球体的分析结果，详见Loeb, et al.（2023）。Siegel（2023）清楚地表明，球体的成分可能只是工业污染物。Loeb, et al.（2024）对此有争议。Cartier and Wright（2017）讨论了博亚简星的奇特行为和可能的解释。Sheikh, et al.（2021）给出了对BLC1 信号的结论性分析。Rees and Livio（2023）讨论了银河系中大多数技术物种可能都是人工智能机器的可能性。

文献清单：

Cartier, K., and Wright, J. T., 2017, “Strange News from Another Star,”

Scientific American, special ed. (Fall 2017).

Frank, A., 2023, *The Little Book of Aliens* (New York: HarperCollins).

Loeb, A., 2021, *Extraterrestrial: The First Sign of Intelligent Life Beyond Earth* (Boston: Houghton Mifflin Harcourt).

Loeb, A., et al., 2023, "Discovery of Spherules of Likely Extrasolar Composition in the Pacific Ocean Site of the CNEOS 2014-01-08 (IM1) Bolide," preprint, August 9, arXiv:2308.15623.

Loeb, A., et al., 2024, "Recovery and Classification of Spherules from the Pacific Ocean Site of the CNEOS 2014 January 8 (IM1) Bolide," *Research Notes of the AAS* 8, no. 1 (January).

Rees, M., and Livio, M., 2023, "Most Aliens May Be Artificial Intelligence, Not Life as We Know It," *Scientific American*, June 1, https://www.scientificamerican.com/article/most-aliens-may-be-artificial-intelligence-not-life-as-we-know-it/.

Scoles, S., 2017, *Making Contact: Jill Tarter and the Search for Extraterrestrial Intelligence* (New York: Pegasus Books).

Sheikh, S. Z., et al., 2021, "Analysis of the Breakthrough Listen Signal of Interest blc1 with a Technosignature Verification Framework," *Nature Astronomy* 5.

Shostak, S., 2009, *Confessions of an Alien Hunter: A Scientist's Search for Extraterrestrial Intelligence* (Washington, DC: National Geographic).

Siegel, E., 2023, "Harvard Astronomer's 'Alien Spherules' Are Industrial Pollutants," *Big Think*, November 14, https://bigthink.com/starts-with-a-bang/harvard-astronomer-alien-spherules/.

Tarter, J. C., et al., 2010, "SETI Turns 50: Five Decades of Progress in the Search for Extraterrestrial Intelligence," *Proceedings of the SPIE* 7819 (August).

Wright, J. T., Kanodia, S., and Lubar, E., 2018, "How Much SETI Has Been Done? Finding Needles in the n-Dimensional Cosmic Haystack," *Astronomical Journal* 156, no. 6 (November).

第 13 章 即将到来的重大突破

文献注解

Arrhenius（1909）让我们了解了在过去的一个世纪里人类对宇宙的探索取得了多大的进步。Tumlinson, et al. 在宜居世界天文台的网页上发表了一份白皮书，描述了使用新型紫外光谱仪可以实现的科学探索。

文献清单：

Arrhenius, S., 1909, *The Life of the Universe: As Conceived by Man from the Earliest Ages to the Present Time* (London: Harper & Brothers).

Tumlinson, J., et al., "Unique Astrophysics in the Lyman Ultraviolet," https://www.stsci.edu/~tumlinso/LymanUV-Tumlinson.pdf.

—— 译后记 ——

这本讲述生命起源和我们在宇宙中是否唯一的书写得精彩。它不仅展现了当代生命科学研究的最新成果，而且为我们揭开了天体生物学这一最新交叉学科的神秘面纱。两位作者均为相关领域的资深教授和著名学者。马里奥·利维奥是一位天体物理学家，曾在负责运营哈勃太空望远镜的太空望远镜科学研究所工作长达 24 年（1991—2015），对目前运行的几部大型望远镜的观察成果了如指掌，顺手拈来。他还是一位热心的科普作家，写过好几本有关天文学和数学的科普书，其中关于无理数的书《φ的故事：解读黄金比例》（2002 年出版）获得了皮亚诺奖和国际毕达哥拉斯数学畅销书奖。另一位作者杰克·绍斯塔克更不得了，是 2009 年诺贝尔生理学或医学奖的获得者，目前执教于芝加哥大学（此前曾是哈佛医学院的遗传学教授）。目前他的研究兴趣主要集中在探索地球上生命起源的过程和在实验室环境中如何构建人工细胞。因此，本书实际上就是两位学界权威用普通人听得懂的语言阐述各自领域的最新成果（数据引用截至 2024 年上半年）。从中我们不仅能了解国外在解构生命起源谜题方面的各种饶有兴趣的细节，而且还能看到中国科学家在这些领域的前沿工作（例如，西湖大学的朱听实验室的研究人员利用化学方法合成镜像DNA和RNA片段的事迹)。

对于生命在地球上的起源和我们是否在宇宙中唯一这两个主题，两位作者在书中并没有给出明确的答案，而是本着科学的态度引领读者领略了探索这一终极拷问的现代研究过程。从中我们看到科学家是如何利用最新科研成果来解答古老问题的。作者没有大量铺陈研究细节，而是突出研究思路，用严谨的逻辑推想串起全书内容，很值得多读几遍，掩卷遐思，自己琢磨可能的结果。总之，这是近年来难得的一本展现最新科学前沿的好书。

王文浩